济南岩溶水系统研究

徐军祥　邢立亭　魏鲁峰　康凤新
张中祥　李常锁　彭玉明　刘　莉　编著

U0311420

北　京
冶金工业出版社
2012

内 容 提 要

本书在全面分析地下水系统理论的基础上，划分济南地区地下水系统，研究了济南地区岩溶含水介质特征。通过地下水流动系统分析，探索了济南泉域的边界条件及地下水系统内部结构特征，可为济南保泉供水及城市规划建设提供依据。全书的研究思路及成果，对于类似条件下岩溶水资源的开发研究具有借鉴意义。

本书可供水文学及水资源、地质工程和城市规划等专业的工程技术人员阅读参考。

图书在版编目（CIP）数据

济南岩溶水系统研究/徐军祥等编著 . —北京：冶金工业出版社，2012.3

ISBN 978-7-5024-5851-5

Ⅰ. ①济…　Ⅱ. ①徐…　Ⅲ. ①岩溶水—地下水资源—研究—济南市　Ⅳ. ①P641.134

中国版本图书馆 CIP 数据核字（2012）第 020267 号

出 版 人　曹胜利
地　　址　北京北河沿大街嵩祝院北巷 39 号，邮编 100009
电　　话　(010) 64027926　电子信箱　yjcbs@ cnmip. com. cn
责任编辑　宋 良　张耀辉　美术编辑　彭子赫　版式设计　葛新霞
责任校对　李 娜　责任印制　张祺鑫
ISBN 978-7-5024-5851-5
北京百善印刷厂印刷；冶金工业出版社出版发行；各地新华书店经销
2012 年 3 月第 1 版，2012 年 3 月第 1 次印刷
148mm×210mm；6 印张；178 千字；183 页
25.00 元
冶金工业出版社投稿电话：(010) 64027932　投稿信箱：tougao@cnmip. com. cn
冶金工业出版社发行部　电话：(010)64044283　传真：(010)64027893
冶金书店　地址：北京东四西大街46 号(100010)　电话：(010)65289081(兼传真)
（本书如有印装质量问题，本社发行部负责退换）

前　言

　　我国是世界上岩溶最发育的国家之一，岩溶分布较广，类型较多。北方岩溶水文地质条件独特，单井出水量较大，水质良好，流量稳定，因此岩溶水成为北方地区重要的供水水源。在山西、山东等地区，奥陶系石灰岩广泛分布，岩层具有极强的导水性，并有层控的特点，在强径流和排泄区，单井出水量达 5000~10000m³/d。岩溶水往往集中排泄，从而形成数量甚多的岩溶大泉，在北方，天然流量每天在 10000m³ 以上的大泉有百余个，这些泉不仅流量大，而且动态比较稳定，泉域范围很大，从数百平方公里至数千平方公里不等。很多岩溶泉区具有景观和历史文化价值，如济南的趵突泉、太原的晋祠泉都是著名的旅游胜地。虽然北方岩溶泉分布较广，但随着经济的发展，社会需水量不断增加，多数地区面临用水紧张、岩溶大泉流量衰减等问题。

　　济南历史悠久，是融"山、泉、湖、河、城"于一体的历史文化名城，境内泉眼众多，被誉为"泉城"。"家家泉水、户户垂杨"是泉城济南昔日的真实写照。然而近30多年来，泉水流量衰竭，泉水断流时有发生，济南泉水问题已引起社会各界广泛关注。为保护名泉，山东省地矿局系统的水文地质工作者，在济南地区进行了卓有成效的勘察与研究工作，取得了一批在国内有较大影响的成果。本书在总结作者多年济南地区水文地质勘察研究成果的基础上，探讨了岩溶地区保泉供水勘探研究方法。

　　本书的特点是将理论与实践有机结合，采用地下水系统理论划分岩溶水系统，结合新技术理论与常规的勘探方法确定了济南市区与东西郊的水力联系，根据大量实验数据研究下奥陶系岩溶含水介质的特征，采用化学动力学与水文地质学相结合的方法，计算了主要含水层的渗透系数，采用数值模拟优化保泉供水开采布局，为济南城市供水、城市规划以及重大工程建设提供水文地质依据。

本书共7章：第1章由邢立亭、徐军祥编写；第2章由魏鲁峰、彭玉明编写；第3章由邢立亭、张中祥编写；第4章由徐军祥、邢立亭编写；第5章由康凤新、邢立亭、魏鲁峰编写；第6章由康凤新、邢立亭、刘莉编写；第7章由邢立亭、李常锁编写。此外，刘莉、张建芝还参与了本书绘图及资料整理等工作。

本书得到国家自然科学基金（41172222）、山东省自然科学基金（ZR2009EM010）及山东省重大水文地质问题研究等项目资助。书中引用了相关单位及专家、学者的大量文献，在此一并表示感谢！

由于水平所限，书中难免存在不足之处，恳请读者批评指正。

作　者

2011 年 11 月

目　录

1 绪 论

1.1 地下水系统

1.1.1 地下水系统的内涵

地下水主要是指赋存于岩石空隙中的水，包括重力水、毛细水和结合水。地下水以其稳定的供水条件、良好的水质，成为农业灌溉、工矿企业以及城市生活用水等人类社会必不可少的重要水源，尤其是在地表缺水的干旱、半干旱地区，地下水多成为当地的主要供水水源。

水文地质学发展的初期，主要是解决"找水"问题，人们只注意到以定流量抽水时水井周边的地下水位会很快达到稳定，且不随时间而变化。随着开采地下水规模的增长，人们发现井群开采影响范围随时间延续而不断扩展，地下水的运动是非稳定的，必须将整个含水层而不是井附近含水层中的一个小范围作为研究对象，此时人们仍然认为，地下水的流动仅仅局限于含水层，而含水层上下的岩层是绝对隔水的。但在许多情况下，井群中所抽出的水量远远超过了含水层所能供给的量。赫伯特首次明确指出地下水存在垂直运动，但当时不为人们所接受，随后人们才逐渐注意到"越流"的存在，再也不把含水层当做一个独立的单元来对待。研究地下水时，往往必须将若干个含水层连同其间的弱透水层（相对隔水层）合在一起看做一个完整的单元，即看做一个系统。于是，便出现了"含水层系统"、"含水系统"等术语。

大规模开发利用地下水，不仅仅产生了地下水资源枯竭问题，同时也导致了地面沉降、海水入侵、淡水咸化、土壤沙化、植被衰退等一系列与地下水有关的环境生态问题，地下水污染的预测与防治日益得到重视，为此人们又提出了基于地下水流动单元的地下水流动系统。20世纪70年代以来，随着对地下水开发利用程度的不断加大，地下水的水质水量、赋存条件及其与其他含水层之间的关系等也逐渐被纳入了研究的范围，形成了地下水系统理论。H·B·鲍科夫斯卡亚在《水文地质学概念的现状和预测问题》一文中指出："任何一个复杂系统可归纳为三个方面：（1）系统的组成；（2）系统的结构，它表征系统与周围介质的相生作用和系统内各要素的相互联系；（3）系统的作用、性质和发育历史。"鲍科夫斯卡亚提出了"水文地质系统"这一术语，但在该术语含义上和本质上与"地下水系统"并无明显差别，只是所采用的名词有所不同而已。美国地质调查所水资源处的拉尔夫·C·海斯认为，"地下水系统"这一术语，指的是从潜水面到岩石裂隙带底面的这一部分地壳，是地下水赋存和运动的场所，由含水层（作为地下水运动的通道）和圈闭层（阻碍地下水运动）所组成。还有一些水文地质学家认为，地下水系统指的是具有某种性质的岩石集合体，它能自由地容纳水和运移水，并与其他不能自由容纳水和运移水的岩石相邻接。美国道济认为地下水系统的定义是"任何真实的或抽象的结构、装置、方案或过程，在一定的时间内所反映的物质、能量、信息的输入和输出及其演变关系"。《地学词典》把地下水系统定义为是由边界围限的、具有统一水力联系的含水地质体，是地下水资源评价的基本单位。王德潜认为地下水系统是指受自然和人为因素控制的，时空分布上由具有共同的补给、径流、排泄特征与演变规律的若干个相对独立的水文地质单元所组成的统一体。荷兰阿姆斯特丹自由大学教授英格伦博士（G. Engelen）认为地下水系统可以看做是在时间、空间上具有四维性质、能量不断新陈代谢的有机整体，它可以从出生、成长、一直到衰老或消亡。在20世纪80年代，英格伦等进一步发展了地下水流理论，把赋存地下水的介质场、驱动地下水流的水势场、温度场和水化学场，看做是从源至汇由流面群构成的、具有时空演变的有机体。日本的A. Bogli则以"地下水盆地"作为含水层集合体的名称，认为其是包含多层地下水的单元。它在垂向上，受地层的层位关系或地质发展史条件限制；在水平方向上，受地层沉积特征和构造地质条件所限制。从系统分类的方法论的观点来看，地下水圈是一个由处于等级从属关系的许多单元组成的复杂的动力学系统。

由此可知，地下水系统是一个错综复杂的、在时空分布上具有四维性质和各自特征、不断运动演化的若干独立单元的统一体。所以只有运用系统分析的方法，才有可能把如此错综复杂、支离分散的认识，概括在一个完整的系统结构内。中国科学院资深院士陈梦熊先生全面总结和概括了学术界对地下水系统的认识，认为地下水系统是水文系统的一个组成部分，它是一个错综复杂的、包括各种天然因素、人为因素所控制的、具有不同等级的互相关联以及互相影响的统一体。这个统一结构的地下水系统，可以归纳为：

（1）地下水系统是由若干具有一定独立性而又互相联系、互相影响的不同等级的亚系统或次亚系统所组成。

（2）地下水系统是水文系统的一个组成部分，与降水和地表水系统存在密切联系，两者互相转化。地下水系统的演化，很大程度上受地表水输入与输出系统的控制。

（3）每个地下水系统都具有各自的特征与演变规律，包括各自的含水层系统、水循环系统、水动力系统、水化学系统等。

（4）含水层系统与地下水系统代表两种不同的概念，前者具有固定的边界，而后者的边界是自由可变的。

（5）地下水系统的时空分布与演变规律，既受天然条件的控制，又会因社会环境特别是人类活动的影响而发生变化。

地下水系统是水文循环系统的一部分，由输入、输出和水文地质实体三部分组成。张光辉等认为地下水系统是由赋存于岩石空隙中并不断运动着的水体及相应含水岩层两部分组成，是一个复杂的人工 - 自然复合系统，为一开放体系。2004 年 11 月中国地质调查局公布的《地下水系统划分导则》对其的解释是具有水量、水质和能量输入、运移和输出的地下水基本单元及其组合，是在时空分布上具有共同地下水循环规律的一个独立单元，可以包括若干次一级的亚系统或更低的单元系统。

概括来说，地下水系统是地下水含水系统和地下水流动系统的统一，如图 1-1 所示。地下水含水系统是由隔水层或相对隔水层圈闭的、具有统一水力联系的含水岩系。而地下水流动系统是由从源到汇的流面群构成的、具有统一时空演变过程的地下水体，两者的对比如下：

（1）整体性。含水系统的整体性体现于它具有统一的水力联系，即存在于同一含水系统中的水是个统一的整体，在含水系统中的任何一部分加入（补给）或排出（排泄）水量，其影响均将波及整个含水系统。含水系统是一个独立而统一的水均衡单元，是一个三维系统；可用于研究水量乃至盐量和热量的均衡，边界属于地质零通量边界，为隔水边界，是不变的。地下水流动系统的整体性体现于它具有统一的水流。沿着水流方向，盐量、热量和水量发生有规律的演变，呈现统一的时空有序结构，为四维时空系统；它以流面为边界，边界属于水力零通量边界，是可变的。

（2）级次性。含水系统和流动系统两者均有级次性，地下水流动系统可分为区域、中间和局部的流动系统。图 1 - 1 所示为一由隔水基底所限制的沉积盆地，构成一个含水系统。由于其中存在一个比较连续的相对隔水层，因此，此含水系统可划分为两个子含水系统（Ⅰ、Ⅱ）。同时，此沉积盆地中发育了两个流动系统（A、B）。其中一个为简单的流动系统（A），另一个为复杂的流动系统（B）。后者可以进一步划分为区域流动系统（B_r），中间流动系统（B_i）及局部流动系统（B_1）。在同一空间中，含水系统与流动系统的边界是相

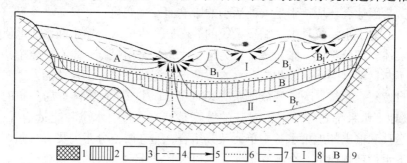

图 1 - 1　地下水含水系统与地下水流动系统

1—隔水基底；2—相对隔水层（弱透水层）；3—透水层；4—地下水位；5—流线；
6—子含水系统边界；7—流动系统边界；8—子含水系统代号；9—子流动系统
代号；B_r、B_i、B_1 分别为 B 流动系统的区域的、中间的与局部的子流动系统

互交叠的，两个流动系统（A、B）均穿越了两个子含水系统（Ⅰ、Ⅱ）。

（3）控制因素多重性。控制含水系统发育的因素主要是地质结构（沉积、构造、地质发展史）；控制地下水流动系统发育的因素主要是水势场，由自然地理因素控制，但在人为影响下会发生很大变化。

从地下水系统概念的产生可以看到，人们对水文地质实体研究的视野在不断开阔，从一口井附近小范围的含水层，扩展到整个含水层，随后又扩展到地下含水系统与地下水流动系统，最终认识到了地下水系统只是环境生态系统中的一个组成部分。换句话说，人们所面对的研究对象是一个愈来愈复杂的系统。研究视野由含水层的局部向包含水文、生态环境、技术经济的地下水系统转移；研究目标由解决具体生产问题转向实现可持续发展的全局性课题，研究内容从地下水的水量研究扩展到地下水圈的研究。学科发展上纯粹的水文地质学正在消亡，多学科交叉渗透成为主流。

当前，国际上都很重视地下水系统的研究，其主要原因是随着国民经济的迅速发展，各国普遍存在因大量开采地下水而造成过量开采以及相应发生的一系列环境负效应问题。因此，不首先获得科学的区域性水资源评价，就不能妥善解决局部地区的问题。研究地下水系统是做出科学的区域地下水资源评价和建立最佳开采方案的可靠途径，只有在全面研究地下水系统的基础上，才有可能建立正确的数学模型，实现模型化和最优化，并为建立管理模型创造条件。

地下水系统研究的全过程，基本可归结为：查明水文地质条件→建立水文地质模型或概念模型（即地下水系统赋存的环境）→建立与地下水运动条件相适应的数学模型（进行参数研究和资源评价）→因地制宜，制定地下水资源最优开发利用方案，建立管理模型。地下水系统的研究，不仅在理论上具有重要意义；而且在实际应用上，必将提高复杂条件下进行地下水资源评价与开展动态预测的水平；同时在工作方法上也将会实现新的改进。因此，地下水系统的研究，对水文地质科学的发展，将会产生十分深远的影响。

1.1.2 地下水系统边界确定

地下水系统的研究，不仅要考虑水文地质实体，还要研究由流线与等势线组成的流场，把分析研究水流系统的流网结构作为划分系统边界的重要依据，也即搞清地下水水流的来龙去脉。

1.1.2.1 一级地下水系统

一级地下水系统主要受地貌、构造以及一、二级地表水系的控制，依据盆地边界或地表水系流域范围划分。一级地下水系统之间不通过边界产生物质和能量交换，系统内部具有独立完整的水循环演化体系（区域水循环）；系统内部水文地质条件、水动力特征、水化学特征符合区域水循环基本规律。所有地下水系统分区的界线都构成一级地下水系统的边界，重点考虑的边界划分依据有：地形地貌、地表或地下分水岭、国界、海岸线等。

1.1.2.2 二级地下水系统

一级地下水系统内部可包含着若干规模相当的次级盆地或流域，它们与邻近的地下水系统没有或只有少量的物质和能量交换，地下水循环和演化相对独立，各具特点。因而可在一级地下水系统的基础上，划分出若干个二级地下水系统。二级地下水系统在一级地下水系统边界的基础上，重点考虑了一级地下水系统内部的边界类型，如地表水分水岭、地下水分水岭、岩相古地理界线等。

1.1.2.3 三级地下水系统

二级地下水系统内，山区和平原含水介质和地下水补、径、排条件有很大差异，各具特点。因而在二级地下水系统划分的基础上，主要根据山区与平原含水介质的不同，重点考虑含水介质的特征和岩相古地理特征、渗流场和化学场特征，以山区与平原的构造或岩相界线为参照可进一步划分出若干个三级地下水系统。

1.1.2.4 四级地下水系统

四级地下水系统边界确定应根据具体的构造、水文地质条件具体分析，一般可将地下水系统的边界归纳为地表水体、断层接触边界、岩体或岩层接触界、天然分水岭、构造分水岭等边界类型，如图 1-2

所示。此外，对所研究的地下水系统，如果人类活动对平行或相交于地下水流线的界线影响很小，或这种影响可以通过勘探、调查加以控制，也可将其定为人为流量边界。如局部地下水系统、亚区域地下水系统、区域地下水系统之间的界线，若不受人类活动影响，则可以将它们作为隔水边界。

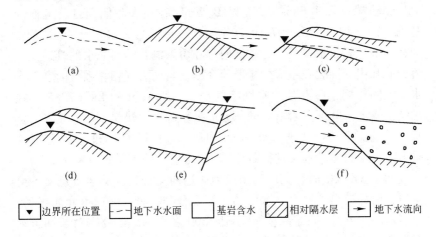

图 1-2　基岩地下水含水系统边界类型示意图
（a）地下分水岭边界；（b）地表分水岭边界；（c）隔水底板边界；
（d）构造分水岭边界；（e）阻水断层边界；（f）透水断层边界

1.2　岩溶水系统研究现状

岩溶（karst）指可溶性岩石，特别是碳酸盐类岩石（如石灰岩、石膏等），受含有二氧化碳的流水溶蚀，有时还加以沉积作用而形成的地貌，分为地表岩溶、地下岩溶。赋存并运移于岩溶化岩层中的水称为岩溶水（karst water）。岩溶水系统是一个能够通过水与介质相互作用不断自我演化的动力系统。

1.2.1　国外研究现状

对岩溶水文地质模型的研究，始终伴随着对岩溶含水介质认识的深化。1975年，岩溶水首次成为国际性水文地质大会的主题；IAH（国际水文地质家协会）出版的《Hydrogeology of Karstic Terrains》首次系统地研究了岩溶区的水文地质学问题。自此以后，几乎每年都有不同规模的国际学术讨论会召开，相关论文和专著不断涌现。20 世纪以来，欧美学者进行了一些开拓性研究，并取得令人瞩目的成果。

1.2.1.1 岩溶含水介质研究

美国学者 E. T. Shustert 和 W. B. White 在前人和他们自己工作的基础上，于 1969 年和 1971 年首先明确提出了岩溶水双重介质模型，即在碳酸盐岩含水单元中常常同时存在着溶洞、暗河充水的管道集中流介质和由溶蚀裂隙组成的扩散流介质，且两者互相联系，前者起导水排泄的作用、后者起贮水网络的作用。Quinlan 和 Ewers1985 年在总结世界上一些著名岩溶区的研究成果基础上，建立了两端元岩溶含水介质及流动的特征谱。Atkinson 和 Smart 于 1979 年和 1985 年对大量岩溶、半岩溶含水层进行研究后认为，当一些被岩溶水拓宽的溶隙宽度达 10cm 以上时，其内的水流为非达西流，其水文地质意义不可忽略，由此提出了岩溶含水层的三端元分类模型——三重介质模型。著名示踪专家 Quinlan 在对犸猛洞区 500 多次示踪研究和对长期自动监测资料进行分析的基础上，提出了岩溶含水层的四重介质模型，认为碳酸盐岩的粒间孔隙在地下水的渗流中亦发挥了一定的作用，不能忽视。

1.2.1.2 岩溶水系统野外试验场研究

针对岩溶含水介质的复杂性，20 世纪 70～80 年代，美国、法国、德国等建立了岩溶水文地质试验场。C. Fabian 研究了岩溶地下水系统组构等。

1.2.1.3 岩溶水系统数理模型研究

鉴于岩溶含水介质的复杂性，人们开始寻找新的研究理论和方法。受陆地水文学模拟方法及系统理论等的启示，系统理论被引入并成为研究的有效工具。它着眼于输入激发所产生的输出响应，而不考虑含水层内部结构及水流动态，将其视为一个"黑箱"，出现了全混合模型、等效多孔介质模型和快速水流通道模型等多种数理研究模型。Dries 的模型采用反褶积法求得岩溶水系统的核函数（特征因数为瞬时单位过程线），进而可以判断补给区的位置和范围，具有较高的精度。

White 等人研究了构造－地层子系统、水循环子系统、化学反应子系统和岩溶地形、洞穴地貌子系统的输入、输出及内部结构的相互作用。近 10 年来，岩溶含水层系统的研究相应增多与深入，最大成就是岩溶含水层演化模型的建立。20 世纪 90 年代初，快速发展并应用的人工神经网络技术与神经网络控制等新理论方法已大量应用于岩溶水系统研究，并取得一些成效。但是，这些模型未涉及岩溶地下水系统水流运动问题，难以表述岩溶地下水运动状态。地下水数值模型与方法在岩溶地下水系统及其水流运动的研究与应用，至今仍存在许多问题，其中对岩溶地下水系统水流运动的研究主要涉及多学科交叉、渗透与跨学科应用等问题。正如 Quimlan 等人指出："尽管岩溶地下水系统模拟有可能实现，但仍不能很好地解决岩溶水系统内水流的运动参数确定问题。"

1.2.1.4 岩溶水保护技术研究

全世界有超过 25% 的人口居住在岩溶区并以岩溶地下水为饮用水源，由于岩溶区环境质量的脆弱性，岩溶水已成为水文地质界关注的焦点。在 1965 ~ 1974 年的国际水文 10 年期间，岩溶水是非常重要的研究对象，并于 1975 年首次成为国际水文地质大会的主题。进入 20 世纪中期以后，随着人口增长，人类活动加剧，岩溶地下水被氮、磷、氯化物、重金属、有机物污染、岩溶水过度开采引发岩溶塌陷、岩溶泉水流量衰减等一系列岩溶水文地质环境问题频发。到 20 世纪中后期，国际上岩溶发育的国家在岩溶泉域水资源的科学管理与保护方面开展了大量研究，特别在欧美发达国家，岩溶地下水的保护工作开展得卓有成效。

美国约有 20% 的国土面积为岩溶区，在密西西比河流域的东部岩溶区面积比例高达 40%，岩溶水一直是这些地区生活、生产、娱乐、旅游的重要资源。为研究岩溶水相关问题，美国成立了由科学技术部门、政府和私立专门机构共同组建的非盈利性岩溶水研究所，其在岩溶水资源的保护方面，取得显著成效。为保护得克萨斯州中部的巴顿泉域，岩溶水研究所将该泉域划分为三大功能区：（1）泉水排泄区及承压区，不允许打井，保证泉水自流状态，防止泉水流量减少和破坏景观；（2）中游径流区，为开采供水区，合理分布几百口深水井；（3）补给区，为水源保护区，涵养水源，防止水土流失，进行人工补给，严禁废水排放。这些措施确保了岩溶水系统的水质、水量、水位及供水量始终保持稳定。佛罗里达州分布有近 600 处岩溶泉，是世界上淡水泉最集中的地区之一。但自 1950 年以来，随着用水量增加，出现泉水水质污染、泉流量衰减等问题，如 20 世纪 60 年代后期，硫黄泉泉水流量减少 44%、Wokulla 泉干涸。20 世纪 90 年代后期，研究所开展了全州岩溶泉水保护工作，采用调查、示踪、建立模型、绘制等水位线等方法确定泉域补给范围，划分泉水补给区、地下汇流区和地表汇流区三类保护区。2005 年美国地质调查局建立了包括水量、水质的管理模型以用于佛罗里达州东南部岩溶含水层的水资源开发与管理。

欧洲大陆有 35% 的岩溶区，总面积达到 $300 \times 10^4 \text{km}^2$。岩溶水被看做未来维持欧洲发展的战略资源，对岩溶地下水出现的环境问题，不少国家开展了保护、研究工作。欧洲的岩溶地下水管理与保护一般是通过划分以泉水或水源地为中心的不同级别保护带来实施的。为了研究岩溶地区地下水防污性能，研究者建立了基于"起源 - 路径 - 目标"（origin - pathway - target）概念模型的欧洲方法（European approach），提出了多种岩溶地区地下水防污性能评价方法，如 PI 方法、VULK 方法、LEA 方法、COP 方法和 Time - Input 方法。

1.2.2 国内研究现状

我国是世界上岩溶最发育的国家之一，岩溶分布较广，类型较多。西南岩溶是国内外最大的连片岩溶区之一，其岩溶类型之齐全、资源之丰富、环境之复杂，堪为世界级的"岩溶宝库"。而北方岩溶区由于岩溶水储量大，水质良好，流量稳定，因此成为北方地区重要的供水水源。自 20 世纪 60 年代起，中国学者亦重视岩溶水系统研究，并取得了多方面的进展，通过碳酸盐岩储集性能的宏观或微观研究，对含水介质孔隙、裂隙、管道或洞穴及其组合类型有了比较全面的认识。岩溶地质工作者根据我国岩溶发育规律、发育程度、组合类型和形态等，将我国岩溶划分为北方岩溶、南方岩溶和西部岩溶三大类，总结了孔隙－裂隙、裂隙网络－强径流带、岩溶裂隙－溶洞、溶洞－管道等多重介质岩溶水渗流或岩溶水管道流模式。

许多水文地质学家致力探求岩溶含水系统中多重介质问题，朱远锋通过岩溶水与降水、地表水相互转化的定量研究，对中国南北方岩溶含水体介质水流特征及动态的差异性有了深刻的认识，提出了岩溶区厚大含水层存在双重水位的概念。许多学者通过对岩溶水系统及水流运动进行分析与模拟研究，创建了"丫吉水文模型"、单元块水文模型（郭纯青等，1985）、"箱管组合实体模拟模型"、"渗流－管流耦合模型"、"地下河物理模型"等。王腊春等从岩溶地貌和管道流的补给特征入手，阐述了岩溶区管道流及水动力特征，认为管道流水文特性受管道结构、补给方式和路径所控制，进而以系统理论为指导，按照不同的岩溶水流模式建立了各种不同的水质、水量预测模型及科学管理模型。郭纯青研究了岩溶含水介质的灰色分类与分形性，胡宽培、何宇彬、张征、曹以临和陈崇希等人也均对岩溶含水介质进行了研究。

在实践应用方面，20世纪50～70年代，我国北方岩溶水研究工作主要集中于地面调查、水源地勘探与矿山涌水治理方面，岩溶地下水开发利用程度较低，岩溶水文地质环境问题仅在局部地区出现。1981年在太原市召开的第一届"中国北方岩溶和岩溶水"会议上提交的论文中，对岩溶水的次生环境地质问题基本没有涉及。20世纪80年代，研究工作进入了大规模岩溶水源地勘探、评价与开发阶段，与岩溶地下水开发利用相伴生的泉水流量衰减、岩溶地下水降落漏斗形成与扩展、岩溶地下水污染、地面塌陷等一系列岩溶环境地质问题也逐步凸显并受到人们关注。1989年完成的《中国北方岩溶地下水资源及大水矿区岩溶水的预测、利用与管理的研究》中，得出我国北方岩溶水资源在60年代后处于衰减状态的结论，并提出"衰减是否会导致岩溶水的逐步枯竭，应引起人们的极大关注"。1991年在济南市召开的第二届"中国北方岩溶和岩溶水研究"会议上，岩溶环境地质和灾害地质问题已成为讨论的重要内容。

我国的山西、山东、河北、河南、辽宁、陕西、内蒙古、北京、天津等省（自治区、直辖市）分布有大片碳酸盐岩地层，岩溶裂隙地下水丰富，原始流量在 $1m^3/s$ 以上的岩溶大泉有 60 多处，北方岩溶泉水流量稳定而集中、水质优良、地下调蓄能力强，很多岩溶泉区具有景观和历史价值，如济南的趵突泉、太原的晋祠泉都是著名的旅游胜地。

在岩溶泉域研究方面，我国积累了丰富经验，如韩行瑞等的岩溶大泉系统研究。娘子关泉的研究早在 20 世纪 70 年代就已开始，谷德操对娘子关泉群的成因、类型进行了分析；赵敬孚采用水均衡法对娘子关泉域岩溶水资源进行了评价；袁崇桓对娘子关泉域降水入渗系数进行了计算；钱学溥对娘子关泉流量与降水量的关系进行了研究；周仰效用滑动平均模拟模型对娘子关泉域岩溶水多年平均补给量和贮存量进行了分析；刘再华对娘子关泉群内各泉点水温、总溶解固形物、水化学特征值进行了聚类分析；王焰新等从不同时期娘子关泉群出露区堆积的泉钙华入手分析了泉群的时空演化过程，认为近年来人类活动打破了岩溶水流动系统的动态平衡，泉群流量总体上呈现持续衰减趋势；郝永红、王学萌用灰色系统 GM（1，1）模型预测了未来娘子关泉流量波动态势。

环境水文地质是 20 世纪 90 年代以来我国水文地质界的研究主题，与能源建设关系最密切的岩溶地下水环境问题则是研究的重点之一。在学术界，随着岩溶水文地质环境问题的进一步加剧，相关内容的报道、讨论与研究层出不穷，其中对问题成因方面的研究成为焦点，集中参数模型、分布参数模型及其混合模型、多元统计分析、数值模拟及随机模拟等多种方法得到广泛应用。岩溶泉域水资源保护将是未来的一个研究发展方向。

1.3 济南岩溶系统研究现状

1.3.1 水文地质勘察研究

济南地区岩溶系统的水文地质勘察工作开始于 20 世纪 50 年代。

山东省地质矿产局八〇一水文地质工程地质大队1958年开始建立地下水动态监测点；1958年3月至1959年4月期间开展综合水文地质测绘，完成钻探进尺达6518m；1960年4月完成《济南市附近供水水文地质勘测补充报告》；1964年，八〇一队对济南市泉水进行了详细调查，仅市区就有天然泉池108处，依据泉水的大致分布、数量、泉水汇流途径等因素划分了泉群，划定了趵突泉、珍珠泉、黑虎泉、五龙潭、白泉五大泉群，后因白泉泉群停喷，人们习惯称"四大泉群"；1966年11月八〇一队提交《济南市北郊供水水文地质勘测报告》；1970年9月，八〇一队提交《济南东郊水源地水文地质勘察报告》。20世纪70年代以来由于过量开采导致泉水断流，八〇一队加强了地下水动态监测工作，先后于1974年5月、1978年12月、1983年12月提交1958~1974年、1973~1977年、1978~1982年三阶段的《济南地区地下水动态观测阶段报告》，并于1979年3月提交了《济南幅1/20万区域水文地质调查报告》。以上基础水文地质工作深入揭示了济南地区的水文地质条件，同时也满足了济南城市供水的需求。

20世纪80年代以来，济南地区水文地质工作的侧重点由城市供水逐步转向保泉供水。1982年山东省科学技术协会、中国地质学会岩溶专业委员会和山东地质学会共同组织了"济南保泉供水专家座谈会"。商议恢复名泉计策。1982年济南市有关部门组织"济南地区水资源讨论会"，提出"采外补内"的保泉措施。为保护泉水和寻找论证新的水源地，山东地质局第一水文地质队和长春地质学院合作完成了济南地区1:5万地质-水文地质测绘，随后开展详细的供水水文地质勘探工作。1986年12月八〇一队提交《山东省济南市长清-孝里铺地区供水水文地质勘察报告》，探明长孝为一大型水源地，至今尚未开发利用；1988年10月提交《山东省济南市保泉供水水文地质勘探报告》；1989年5月至10月在济南西郊崔马庄利用63个观测孔，进行了大型岩溶水示踪试验，查明张夏组灰岩与奥陶系岩溶水的水力联系；1989年12月提交《济南市保泉供水水文地质勘探水质模型报告》；1990年提交《济南市地下水资源管理模型报告》和《山东省济南市白泉-武家水源地供水水文地质勘探报告》。通过八〇一队一系列勘探，从宏观上基本查明东至明水，西至平阴的水文地质条件。

　　进入 20 世纪 90 年代以来,随着经济发展和人类活动加剧,城区扩展、河道截流,南部山区土地利用类型和济南地区下垫面条件发生变化,水文地质勘察研究侧重点又逐步转向水资源调蓄、生态环境水文地质工作上来。1999 年 12 月山东省地质局八〇一水文地质工程地质大队提交《济南市环境地质调查评价报告》;2003 年 3 月出版《济南泉水》专著;2004 年 5 月提交《济南地区水资源调蓄与生态环境地质调查报告》;2005 年 3 月提交《山东省济南城市多参数立体化综合地质调查报告》;2006 年 4 月提交《山东省西水东调沿线重点城市地下水库调查论证报告》;2007 年提交《济南南部山区垃圾填埋场对地质环境的影响评价》。2007 年 12 月山东省地质环境监测总站提交《济南岩溶泉域地下水水位监测网优化研究》。2008 年 12 月八〇一队提交《山东省 1/25 万区域水文地质环境地质调查报告》(济南幅) 和《济南市地下水资源调查评价》;2010 年 1 月提交《济南市城市轨道交通线网规划、建设规划阶段泉水地下流场特征研究》等。

　　在以上水文地质勘察工作中,八〇一队通过采用水文地质调查、水文地质钻探、地球物理勘探、水文地质试验、动态监测等方法手段,以不同比例尺对济南地区地质、水文地质条件进行系统的勘察研究,为济南城市供水、泉水保护、优化开采布局和生态地质环境整治起到保障作用,这些勘察成果是广大专家、学者研究济南泉水的基础。

1.3.2　泉水历史成因研究

　　济南泉水的成因一直为广大学者所关注。早在 1923 年,北京女子高等师范学校生物地质系学生编写了《山东地质旅行报告》,对济南趵突泉成因作了论述。1929 年君达在《中国北方泉水成分之研究》中介绍济南趵突泉成分和流量。1934 年赵毓岷撰写了报告《济南趵突泉的成因》。1944 年日籍学者藏田延男在《济南水道水源地下水脉调查报告》中对济南泉水成因进行评述。1945 年日籍学者藤田义象在《山东省济南市水源调查报告》中对趵突泉成因进行了论述。

1946 年方鸿慈在《地质论评》中提到"济南地下水调查及涌水机构之判断",对泉水的来水方向进行了初步分析和判断。1957 年肖楠森在《地理知识》提到"济南的泉及地下水",对泉水成因进行了分析,认为济南泉水来自中奥陶系灰岩浅部地下水。

陈振鹏分析了济南泉水的现状,指出保泉和供水是当前亟待解决的两个水文地质问题;高殿琪根据多年的观测资料,阐述了济南地区环境水文地质现状,并提出了保护泉水的措施;党明德等分析了泉水的来源路径及保泉问题;李铁锡等指出济南泉水形成与地形、地层地质构造和水文地质条件密切相关,不甚合理的开采布局和过量开采是造成泉水断流的主要原因;张建国等运用多重指示克里格方法研究岩溶裂隙介质的空隙连通性能,并预测岩溶裂隙密集带和强径流带的位置;宋苏红等从地质构造方面论述了泉水形成的历史成因;徐慧珍等通过水化学资料研究,认为市区泉水排泄区地下水具有不同的循环深度,地下水中主要离子含量均随着 TDS 的增加而增加,且流线越长,TDS 越大,并系统地分析了济南泉域浅层地下水(第四系孔隙水)和地表水的水化学成分和氢氧稳定同位素,揭示了浅层地下水与岩溶水的水力联系;万利勤根据济南地区水化学和同位素值研究表明,在自流条件下,市区、西郊和平安店的补给、径流、排泄过程相似。东郊地下水的补给、径流、排泄过程与其他三个开采区不同,补给高程可能要稍高一些;邹连文等通过对济南泉群涌水量与区域降水的回归分析,得出济南泉水与济南东南部岩溶漏水山区的降水关联程度最为密切,说明济南泉水的主要补给区可能是济南泉群东南部的岩溶漏水山区。

1.3.3 泉域岩溶水水质及水环境演化研究

早在 1985 年,针对济南东郊工业集中区地下水的污染问题,刘景藩等就对该区地下水污染源现状和污染途径进行了调查,定性和定量分析了有机污染物,并对东郊地区地下水污染现状进行了评价,认为东郊浅层地下水普遍受到不同程度的污染,检出了有机污染物 119 种,其中 1,2 -二氯苯、1,3 -二氯苯、四氯化碳、苯等首要污染物 18 种;深层水水质普遍较好。李大秋、李常锁、路洪海等以 20 世纪50年代末的地下水化学状况为背景值，分析了近40年的地下水总硬度、矿化度、SO_4^{2-}、Cl^-、NO_3^-等指标，发现这些指标均呈上升趋势，表明地下水质总体呈恶化趋势；水质的区域性、阶段性变化与人类活动强度密切相关，泉域排泄区水质总体恶化趋势明显，减少人类活动对地下水的污染是岩溶水资源的可持续利用的重要途径。戚爱萍等对济南岩溶地下水有机物污染状况进行了调查，在济南南部水源补给区的29个代表性监测点，共检出有机污染物76种，其中东郊水厂、卧虎山水库、孟家庄地下水、西郊水厂和锦绣川水库等都有检出。周敬文对济南市"四大泉群"的泉水进行水质检测，结果表明细菌总数、大肠菌群、硝酸盐（氮）等指标不符合GB 5749—2006《生活饮用水卫生标准》要求。徐军祥、邢立亭等分析了济南泉域地下水环境的演化特征，认为自然和人为双重作用导致了泉域地下水补给、径流、排泄和水化学条件的改变，引发了泉水断流、地下水降落漏斗、地下水质量下降等生态环境地质问题，提出了优化泉域内外地下水开采布局、人工调蓄补源、控制城区向直接补给区扩展等措施和建议。万利勤等研究了济南岩溶排泄区地下水化学成分的形成，利用西郊排泄区的测试数据进行定量分析，认为地下水在径流过程中有发生脱白云石化过程的趋势。高赞东等基于GIS手段，利用欧洲方法编制的济南泉域岩溶含水层易污性评价图显示，济南泉域岩溶含水层总体易污性强，地下水容易受到污染。由于地下水过度开采和土地利用变化等因素导致了泉水景观与水环境质量降低，为长期保护水环境，李大秋综合评价了济南市地下水的脆弱性，邢立亭建立了济南岩溶含水系统抗污染能力评价模型。

1.3.4 岩溶水动态研究

针对泉水断流问题，众多学者开始关注泉水动态变化。陈振鹏根据济南1959~1981年泉流量和地下水开采量，对地下水位动态变化进行了分析，认为地下水开采量的增加和泉水量的减少极为接近，提出了市区年平均水位应保持在28.5m以上的保泉水位值，相应年平均泉水流量和市区水源地开采量应在27~35m³/d。李传谟基于28.5m这一水位约束值，应用回归分析方法，估算了市区和外围地区地下水开采量和泉水流量综合值应限制在 $70 \times 10^4 \, \mathrm{m}^3/\mathrm{d}$ 左右。泉水衰竭速度和地下水开采量之间不同步则说明地下水开采并不是泉水衰竭的唯一原因。徐慧珍等对济南城近郊区 1991~2005 年的地下水监测资料进行了分析，总结了市区、东郊和西郊的地下水动态变化特征，认为地下水开采和有效降水入渗补给是影响地下水水头动态变化的主要因素，认为丰水年可适度开采西郊地下水。王庆兵等采用编制济南岩溶泉域地下水动态类型图的方法优化设计了地下水水位监测密度。高赞东等结合泉域地下水补给、径流、排泄系统与水质监测网的现状，设计地下水监测点 26 个，并对其监测频率及监测内容进行了分析。季叶飞等利用逐步回归方法确定降水对泉水入渗补给的滞时为一年，不仅当年的降水量对泉流量有贡献，前一年的降水量对泉流量也有明显的贡献，并得到了相应的泉流量模拟与预测模型。王茂枚采用统计学方法，结合统计学分析软件 SPSS 对岩溶含水系统的流量动态进行分析，根据济南市 38 年的观测资料，将泉水流量多年动态过程分为两个阶段（1959~1968 年及 1969~1996 年），认为前一阶段的影响因素主要为自然因素，而后一个阶段则受自然因素和人类活动共同影响。

1.3.5 岩溶地下水模型研究

建立地下水数值模型是保泉供水的主要手段。20 世纪 90 年代，八〇一队建立了基于 DOS 环境的济南市保泉供水水资源管理模型，从 1993 年起开始模型运转工作，对泉域范围的水位及泉水流量进行预测，并不断对模型进行校正和完善。王洪涛等人在建立剖面二维流数学模型的基础上，以流函数和势函数作为基本变量来模拟济南岩溶地区地下水径流空间变化规律和作用因素。王利国和张文国针对济南泉域裂隙水系统建立了地下水系统管理模型，进而证明了现状开采布局的不合理性。汪家权、吴义锋等人根据济南泉群研究区域岩溶水贮存和运动特征，建立了三维有限元数学模型，并利用等参有限元方法求解，进一步对济南泉域内岩溶地下水的开采方案进行评价。邢立亭、徐军祥采用 MODFLOW 模拟济南裂隙岩溶介质地下水运动规律，得出济南泉域允许开采量并提出回灌补源等措施。

1.3.6　边界与保泉措施

查明泉域边界是制定恢复与保护名泉的关键，对此专家、学者进行大量研究。早在 20 世纪 80 年代八〇一队提出济南泉域西边界为马山断裂、东边界为东坞断裂。商广宇等认为济南泉域和济西岩溶地下水系统之间存在一个岩溶地下水相对分隔构造——万灵山岩溶弱发育带，市区与西郊之间没有明显的水力联系，开采潜力巨大的济西地下水供应市民用水，不会影响城区泉水的喷涌，而停采东郊地区地下水，定能恢复并保持济南名泉持久正常喷涌。李传谟认为济南泉域东边界为文祖断裂，提出近期可利用地下水量为 $70 \times 10^4 \, m^3/d$，泉水基本上可常年出流，远期可利用量为 $120 \times 10^4 \, m^3/d$，市区人民可常年用上优质地下水，泉水可保持较佳的常年喷涌状态。刘国爱等认为济南市区岩溶水与西郊炒米店断裂带以东地区岩溶水联系密切，加大峨嵋山水厂开采量或在炒米店断裂以西地区增加开采量不会对市区水位产生明显影响。面对泉城济南水环境恶化，基于水环境恢复原理，朱兆亮认为必须建立崭新的用水模式，加强城市雨水处理和有效回用，建立健康的社会水循环系统是解决水环境问题的正确出路。孙力认为收集雨水补给岩溶水可达到供水保泉的目的，对于调节城市生态环境等方面有重要意义。同时，需对泉水源区采取保护植被、水土保持，涵养水源；加强"南控"，保护泉域补给区、回灌补源；可借南水北调工程调引长江水作为回灌补源水源；水资源统一管理，使地表水、地下水、黄河水得到合理配置。

综上所述，对济南地区以上几方面的研究对于保泉供水有重要指导意义，但是目前对于泉域岩溶水系统划分、开采布局调整、工程建设对泉水影响、如何回灌补源和分质供水等问题尚缺乏深入探讨和理论总结，这也是本书力求探讨的问题。

2 济南市自然地理概况

2.1 自然地理

2.1.1 交通位置及经济概况

济南是中国东部沿海经济大省——山东省的省会,是其全省政治、经济、文化、科技、教育和金融中心,也是国家批准的副省级城市和沿海开放城市。全市总面积8177km^2(见图2-1),市区面积3257km^2。现辖历下、市中、槐荫、天桥、历城、长清六区和平阴、商河、济阳三县及章丘市。济南历史悠久,是国务院公布的历史文化名城。境内泉水众多,被誉为"泉城"。

2008年末全市户籍总人口603.99万,常住人口662.69万,人口

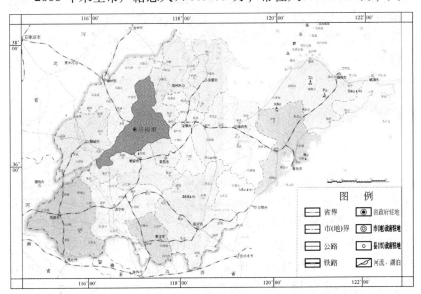

图2-1 济南市地理位置图

自然增长率 0.326‰。2008 年全市生产总值 3017.4 亿元，其中第一产业增加值 175 亿元，第二产业增加值 1330.7 亿元；第三产业增加值 1511.7 亿元。按常住人口计算人均生产总值 45724 元。全市耕地面积 322.03 × 10³hm²，其中水田 9.88 × 10³hm²，旱田 312.15 × 10³hm²。粮食总产量 268.07 万吨，蔬菜产量 691.83 万吨，水果产量 44.87 万吨，造林面积 10546hm²（济南市统计局，2008）。

2.1.2 地形和地貌

济南市地处鲁中低丘陵与鲁西北冲积平原交接带上，南部为泰山山脉，北部为黄河平原，地势南高北低，平原向东北缓倾，黄河自西南向东北穿越本区，黄河河床高出地面，沿黄两岸形成带状洼地。根据成因类型，济南市地形大致分为三个带：小清河以北为黄河冲积平原；小清河南岸至南部山区北缘为山前平原带；泰山隆起北侧为丘陵山区。

根据地貌特征，济南市地貌自南而北分为三区：Ⅰ区，构造剥蚀区，主要位于南部、东南部和西南部的变质岩和寒武系分布的低山丘陵区，占全市面积的 40%；Ⅱ区，剥蚀堆积区，主要分布在中部的山前地带，主要由剥蚀堆积物、河流冲积物和剥蚀残丘组成，区内冲沟干谷发育，占全市面积的 20%；Ⅲ区，堆积平原区，分布于北部，地势较平坦，为黄河冲积而成的冲积平原，占全市面积的 40%（见图 2-2）。

2.1.3 气象与水文

2.1.3.1 气象

济南市地处中纬度内陆地带，属暖温带半湿润大陆性季风气候，春季干旱多西南风，夏季炎热多雨，秋季气爽宜人，冬季寒冷多东北风。降水具有明显的季节性，汛期 6～9 月份的降水量占全年降水量的 70% 以上；降水在空间分布不均。据辖区 82 个雨量站资料（见图 2-3），降水量自东南向西北递减，多年平均降雨量为 624.38mm。全市历年平均气温 14.4℃，7 月份最高平均气温 27.4℃，1 月份最低平均气温 -1.4℃；历史最高气温 42.7℃（1942 年 7 月 6 日），最低气温－19.7℃（1953年1月17日）。

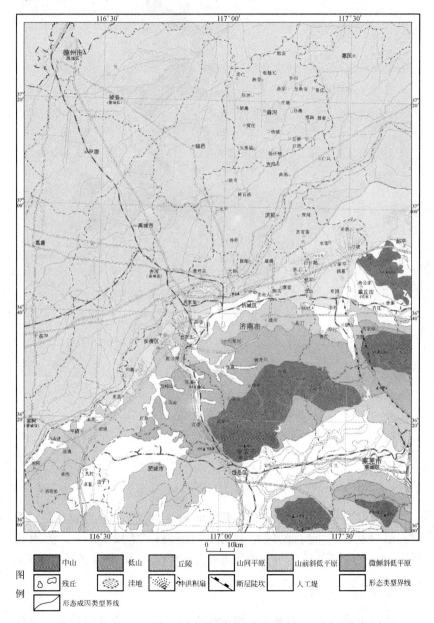

图例

中山　低山　丘陵　山间平原　山前斜低平原　微倾斜低平原
残丘　洼地　冲洪积扇　断层陡坎　人工堤　形态类型界线
形态成因类型界线

图2-2　济南市地貌略图

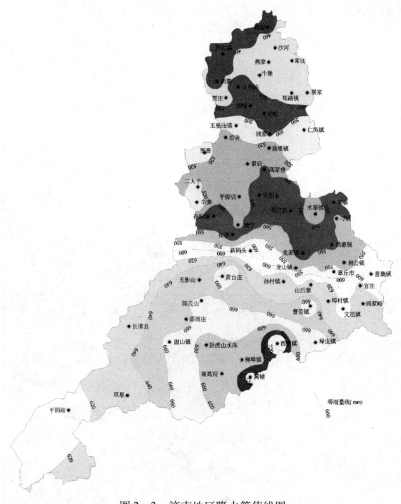

图2-3 济南地区降水等值线图

济南市域内多年平均蒸发量1475.6mm，区域蒸发量大于降水量，相对差值呈现由南向北的递增趋势，山前地带为1201.2mm，济阳为1525.6mm，商河为1588mm；干旱指数为2左右，无霜期为192~238天。

2.1.3.2 水文

济南市域内有三大水系，即黄河水系、小清河水系以及徒骇河马颊河水系（见图2-4）。黄河水系主要有玉符河、南大沙河、北大沙河、浪溪河、玉带河等河流，汇水面积2778km²；小清河水系主要有巨野河、绣江河、漯河等河流，集水面积2792km²；徒骇河马颊河水系主要有徒骇河、德惠新河等河流，集水面积2400km²。

（1）黄河。黄河从平阴县旧县乡清河门进入济南市境内，流经平

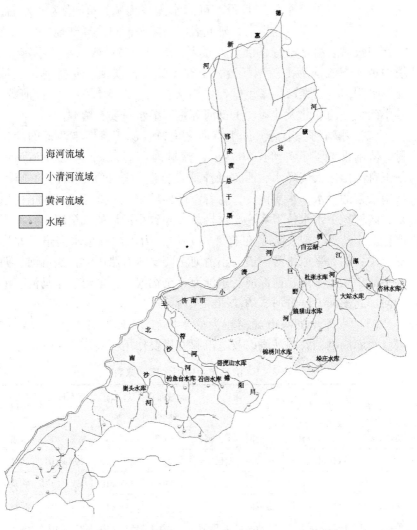

图2-4 济南市水系图

阴县、长清区、槐荫区、天桥区、历城区及章丘市，于章丘市黄河镇常家庄出境。黄河在济南市境内长度 172.9km，其支流均从右岸汇入。根据洛口水文站资料，黄河多年平均径流量 $435 \times 10^8 m^3$，流量 $1387 m^3/s$，输沙量 10.58 亿吨，含沙量 $24.92 kg/m^3$。黄河在济南市境内为地上河，最大洪水主要集中在六、七月份至九月份，凌汛一般发生在十二月份至来年二月份。黄河水无嗅无味，pH 值为 8 左右，属于淡水，为重碳酸钠型水。研究表明，除平阴境内局部地段外，黄河水与泉域岩溶水没有直接水力联系，但与沿黄第四系水关系密切。境内黄河支流均为雨源型河流，主要支流有浪溪河、龙柳河、玉带河、平阴河、安栾河、孝里铺河、南大沙河、北大沙河、玉符河等，其中南大沙河、北大沙河、玉符河等是岩溶水重要补给源。

（2）小清河。小清河位于黄河之南，发源于济南市西郊的睦里村，济南市辖段小清河长 70.3km，流域面积 $2792 km^2$。原小清河汇集玉符河山区大气降水、西郊低洼地带排泄的地下水、黄河的侧渗、济南诸泉的泉水，水质优良。随着济南经济发展，20 世纪 70 年代以来，区域地下水水位下降、废水排放，导致小清河的流量减小且污染严重。小清河主要支流多在右（南）岸，为山洪及泉水河道；北岸支流少，均为平原排涝河道。小清河主要支流有腊山河、兴济河、西太平河、东太平河、西泺河、东泺河、全福河、大辛河、张马河、港沟河、赵王河、巨野河、绣江河、漯河等。

（3）水库。济南市规模较大的水库有 12 座，对于济南市的供水、水库周围的农田灌溉以及防汛起着重要作用（见表 2-1）。

表 2-1 济南市大中型水库一览表

名 称	位 置	水 系	流 域	流域面积/km²	总库容/m³	兴利库容/m³	用途
杏林水库	章丘市杏林村	小清河	东巴漏河	180.2	1261×10^4	595×10^4	灌溉
垛庄水库	章丘市垛庄村	小清河	西巴漏河	56	1277×10^4	1094×10^4	灌溉
大站水库	章丘市大站村	小清河	西巴漏河	440	2233×10^4	961×10^4	灌溉
杜张水库	章丘市杜家村	小清河	巨野河	226	1148×10^4	440×10^4	灌溉
狼猫山水库	历城区大龙堂	小清河	巨野河	82	1557×10^4	1253×10^4	供水

名 称	位 置	水系	流域	流域面积 /km²	总库容 /m³	兴利库容 /m³	用途
玉清湖水库	槐荫区常棋屯	黄河		5	4850×10^4		供水
鹊山水库	天桥区鹊山	黄河		6.07	4600×10^4		供水
锦绣川水库	历城区锦绣川	黄河	玉符河	166	4100×10^4	3592×10^4	供水
卧虎山水库	历城区仲宫镇	黄河	玉符河	557	12200×10^4	6150×10^4	供水
石店水库	长清区张夏镇	黄河	北大沙河	39.3	1101×10^4	672×10^4	灌溉
钓鱼台水库	长清区菜园村	黄河	南大沙河	39	1001×10^4	510×10^4	灌溉
崮头水库	长清区崮头村	黄河	南大沙河	100	1305×10^4	373×10^4	灌溉

（4）湖泊。大明湖位于济南市旧城区北部，面积 0.46hm²，平均水深 3m，蓄水量 100×10^4 m³。湖水主要来源于济南泉群排泄的地下水。白云湖位于章丘市西北 20km，北距小清河 4km，东到绣江河 3.5km，是山东省北部平原最大的淡水养殖基地。芽庄湖位于章丘市与邹平县交界处，西距刁镇 4km，有漯河水汇入。

2.2　水资源开发利用现状

济南市的水资源主要由大气降水和过境河流两大部分组成。大气降水在当地形成地表水、地下水；过境河流指黄河、徒骇河、德惠新河，黄河为济南市主要客水水源。现有大中型水库 12 座，小型水库 182 座，塘坝 900 余座，水库塘坝拦蓄能力达 4.3×10^8 m³，有邢家渡、田山、陈孟圈、胡家岸等大中型引黄灌区 10 处，引黄灌溉面积 210 万亩。全市有效灌溉面积 238×10^3 公顷，占耕地面积的 71.5%。

当地地表水主要包括卧虎山、锦绣川等蓄水工程，地下水包括孔隙水和岩溶水。客水供应量主要以引黄（黄河）水为主，多年平均利用量 51808×10^4 m³，其中鹊山和玉清湖两大引黄水库用于城市供水。此外还有少部分污水和矿坑排水可供回收利用。

与中国北方其他城市相比，济南市地下水资源相对丰富（见表 2-2），山前以开发利用岩溶水为主，济阳县、商河县以开采孔隙水为主，主要用于工业、农业和城乡生活用水。

表 2-2 济南市地下水开采量统计表 （m³/a）

年 度	市五区	章丘市	长清区	平阴县	济阳县	商河县	合 计
1997	3.99×10^8	1.98×10^8	1.33×10^8	0.79×10^8	0.45×10^8	0.71×10^8	9.25×10^8
1998	3.85×10^8	1.68×10^8	1.33×10^8	0.82×10^8	0.52×10^8	0.81×10^8	9.01×10^8
1999	3.59×10^8	2.18×10^8	1.33×10^8	0.78×10^8	0.58×10^8	0.69×10^8	9.15×10^8
2000	3.07×10^8	2.52×10^8	1.48×10^8	0.79×10^8	0.53×10^8	0.86×10^8	9.25×10^8
2001	2.88×10^8	2.95×10^8	1.77×10^8	0.88×10^8	0.49×10^8	0.89×10^8	9.86×10^8
2002	2.45×10^8	3.01×10^8	1.09×10^8	0.84×10^8	0.63×10^8	1.01×10^8	9.03×10^8
2003	2.1×10^8	2.54×10^8	1.03×10^8	0.84×10^8	0.42×10^8	0.9×10^8	7.83×10^8
2004	2.07×10^8	2.75×10^8	0.91×10^8	0.78×10^8	0.46×10^8	0.97×10^8	7.94×10^8
2005	2.06×10^8	2.85×10^8	0.92×10^8	0.73×10^8	0.47×10^8	0.82×10^8	7.85×10^8
平均	2.9×10^8	2.5×10^8	1.24×10^8	0.81×10^8	0.506×10^8	0.85×10^8	8.806×10^8

注：数据源自水利年鉴。

人类的生存、生产和建设依赖于生态地质环境，同时地质环境反过来也制约着人类的生活和生存。由于水资源开发利用不合理，造成生态环境恶化，主要表现为水质污染、地下水补给量减少、泉水断流、湿地消亡、区域地下水位下降、沟谷淤积等。

2.3 区域地质

济南地区在大地构造上横跨新华夏第二隆起带的鲁西隆起区及新华夏第二沉降带的鲁西北拗陷区。南部丘陵是一个以古生代地层为主体的北倾单斜构造，太古界片麻岩组成的结晶基底广泛出露，北部则是沉积了厚度较大的第四系、第三系松散堆积物的凹陷区。

2.3.1 地层

济南地区出露的地层主要为太古界变质岩系、古生界寒武系、奥陶系及新生界第四系松散沉积地层（见图 2-5），其中变质岩系主要分布于区内南部。总体上从南向北，地层由老到新依次出露。

（1）太古界变质岩系（Art）。分布在区内南部，构成区域的基底层。岩性主要为泰山群混合花岗片麻岩、角闪石片麻岩、混合花岗岩、黑云母角闪片麻岩等，尤以混合花岗岩分布最广，出露面积最大。片麻理走向一般呈 NW50° ~ NE5°，倾向 SW，倾角为 75° ~ 85°。

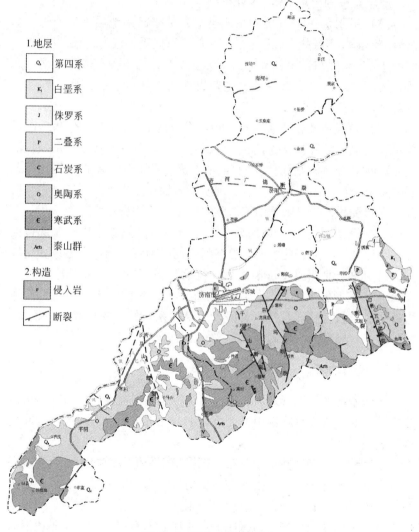

图 2 - 5 济南市地质略图

（2）寒武系（∈）。寒武系地层不整合于太古界地层之上，是区内地层出露面积最大，发育最完整的沉积地层。它位于变质岩系地层的北缘，呈 NE～SW 向，呈宽条带状分布，露头连续，岩性主要为页岩夹薄层灰岩，其中张夏组和凤山组以石灰岩为主。总厚 600m 左右，地层总体倾向呈 NW～NNE 向，倾角为 6°～10°。

(3) 奥陶系 (O)。奥陶系地层整合于寒武系地层之上，为一套浅海-滨海相碳酸盐岩沉积地层，它位于寒武系地层的北缘，呈 NE～EW 向条带状展布，出露不全，露头不连续，出露面积较大，地层产状总体倾向北，倾角 8°左右，主要岩性为石灰岩、白云质灰岩和夹泥灰岩。

(4) 石炭系及二叠系 (C-P)。分布于山前一带，在章丘市的普集、文祖、埠村、曹范有零星出露，在历城董家、济阳南部及长清城西黄河沿岸地段则隐伏于第四系之下，是济南地区的主要含煤地层。主要岩性为深灰色砂页岩、砂质页岩、黏土岩夹薄层细砂岩，海陆交互相沉积，与奥陶系中统八陡组呈平行不整合接触。

(5) 第四系 (Q)。第四系广泛分布在山前倾斜平原、北部黄河冲积平原及玉符河、北沙河、巴漏河等河谷地带。第四系厚度变化较大，由南东至北西厚度逐渐增大，至北部黄河冲积平原处厚度大于 300m。山前倾斜平原主要岩性为砂质黏土、黏质砂土、黏土，沿河流冲积扇堆积有砂砾石层。黄河以北第四系岩性以粉质黏土、粉土、粉砂为主，局部夹中粗砂。

2.3.2 地质构造

济南地区的构造形式为断裂构造，褶皱构造在盖层中以单斜构造为主，基底褶皱发育在泰山群变质岩中，北部济阳、商河地区为断块构造表现形式。

基底褶皱和韧性剪切带分布在区内南部长清界首及章丘西麦腰一带泰山群变质岩中。盖层褶皱分布于历城—章丘东南部，发育于奥陶系五阳山组灰岩和二叠系中，形成一系列的倾角较缓的褶皱，如赵家鹊山—马头山、山后寨、孟张庄—卢张庄、南石屋—沙弯庄等地带的褶皱。

济阳—商河一带断块构造位于济阳拗陷西部地区的惠民凹陷中。中生代以来断裂活动加强，形成一系列的断层构造和块叠状构造；中新生代以来齐河—广饶断裂带逐步形成，大致由近东西向的曲堤断层、夏口断层、临邑断层三条大断层组成；有较厚的第四系沉积。

平阴—章丘一带断裂构造，主要有北西向、北东向和南北向三组，是区域鲁西弧形断裂构造体系和区域东西向断裂构造体系共同作用的结果。区内北东向断裂构造以张性和张扭性为主；北西向断裂构造呈张扭性质，后期有压扭性质相叠加；南北向断裂以张性为主，呈追踪张性断裂性质；说明区内断裂构造以南北向的应力作用为主，北东向和北西向断裂应是由同期的一组剪切断裂面发展起来的。区内主要的北东向断裂有旧县断裂、石横断裂、大田庄断裂、武家山断裂、孙村断裂等；北西向断裂有马山断裂、千佛山断裂、东坞断裂、平陵城断裂、文祖断裂、铜冶店断裂等；南北向断裂有洪口断裂、锦绣川断裂、崔家村断裂、黄旗山断裂、桃花山断裂、明水断裂、青龙山断裂等。区内断裂构造规模、产状、性质差异较大，对区域地下水运移有不同程度影响。

2.3.3 侵入岩

济南区岩浆岩较发育，按照成因类型分为侵入岩和火山岩。侵入岩形成时代为晚太古代、早元古代、中元古代和中生代，对地下水有重要影响的是分布在济南—历城的中生代侵入岩体。济南超单元侵入岩分布于济南市区及其东、北、西郊，平面呈不规则椭圆形，长轴近东西方向，约29km，南北最宽为15km，总面积超过400km^2，大部分被第四系掩盖。岩体中心基性程度偏高，向外基性程度逐渐降低。岩体侵入基本分为四次，并呈侵入接触关系，说明侵入时原始岩浆分异作用良好。第一次侵入为含苏橄榄辉长岩、含橄榄苏长辉长岩；第二次侵入为苏长辉长岩；第三次侵入为辉长岩；第四次侵入为辉石二长岩。侵入岩体在与寒武系、奥陶系的接触带中常形成中、小型接触交代型铁矿，如济南张马屯铁矿等。

中生代侵入岩岩体多呈岩基、岩株及脉状产出，侵入于寒武、奥陶、石炭、二叠系地层中，其阻水性良好，如市区四大泉群形成直接与该侵入岩岩体有关。另外，奥陶系地层中的侵入岩脉也对地下水的运动有不同程度影响，如黄山岩脉、李沟岩脉等。黄山岩脉位于区内西南部平阴县城东侧，岩脉南起区外郑家峪北，呈北北西向，纵贯基岩山区，经黄山向北延伸并被第四系覆盖。岩脉总体直立，宽度一般为7m，最宽处为11m，经物探推测，岩脉向北延伸至黄河，岩性肉眼鉴定为中性煌斑岩。李沟岩脉位于平阴县中部，走向 NW，倾向 SW，倾角为60°左右，侵入岩体为花岗斑岩类，质地坚硬，较完整，阻水性好。

3 济南地区地下水系统划分

3.1 水文地质分区

济南地区位于鲁中山地和华北平原的交接地带，根据地形地貌条件，可划分为两个一级水文地质分区，即山丘区（Ⅰ）、平原区（Ⅱ）；根据地层岩性和地下水的赋存条件，可将一级区进一步划分为基岩山区（$Ⅰ_1$）、岩溶山区（$Ⅰ_2$）、山前倾斜平原区（$Ⅱ_1$）、黄河冲积平原区（$Ⅱ_2$）四个二级区（见图3－1）。

根据含水介质的特点以及地下水在含水层中的运动、储存特点，济南地区可划分为不同含水层（组）及地下水类型，各类型含水层（组）受到相邻隔水层（组）的控制，虽然形成了各自独立的循环条件，但因构造作用的影响，其在区域地下水总循环中又是有机联系在一起的。

3.1.1 松散岩类孔隙水含水层（组）

松散岩类孔隙水含水层（组）主要分布在山区河谷和山前河流形成的冲洪积平原以及北部黄河冲洪积平原地带。山间河谷内含水层呈带状分布，厚度5～15m，局部可达30m。含水层岩性由砂砾石及卵石夹黏土组成，分选性极差；水位及富水性随季节变化，单井出水量50～300m³/d。玉符河、北沙河、巨野河、巴漏河等河流中、下游的冲洪积平原的第四系厚度为50～140m，主要含水层埋深在70m以上，其上部含水层为中砂及中粗砂夹砾石，分选性一般较好；下部砂砾石中夹黏土，分选性差。70m以下为黏土夹砾石，含水层东西（横向）分布不均匀，多呈透镜状；70m以上富水性较好，单井出水量1000～2000m³/d，在河流沿岸及与下伏岩溶水有密切联系部位，单井出水量可大于2000m³/d。近山前水位埋深10～30m，远离山前水位埋深约3～8m，其中东部地区巴漏河下游含水层岩性为中粗砂及

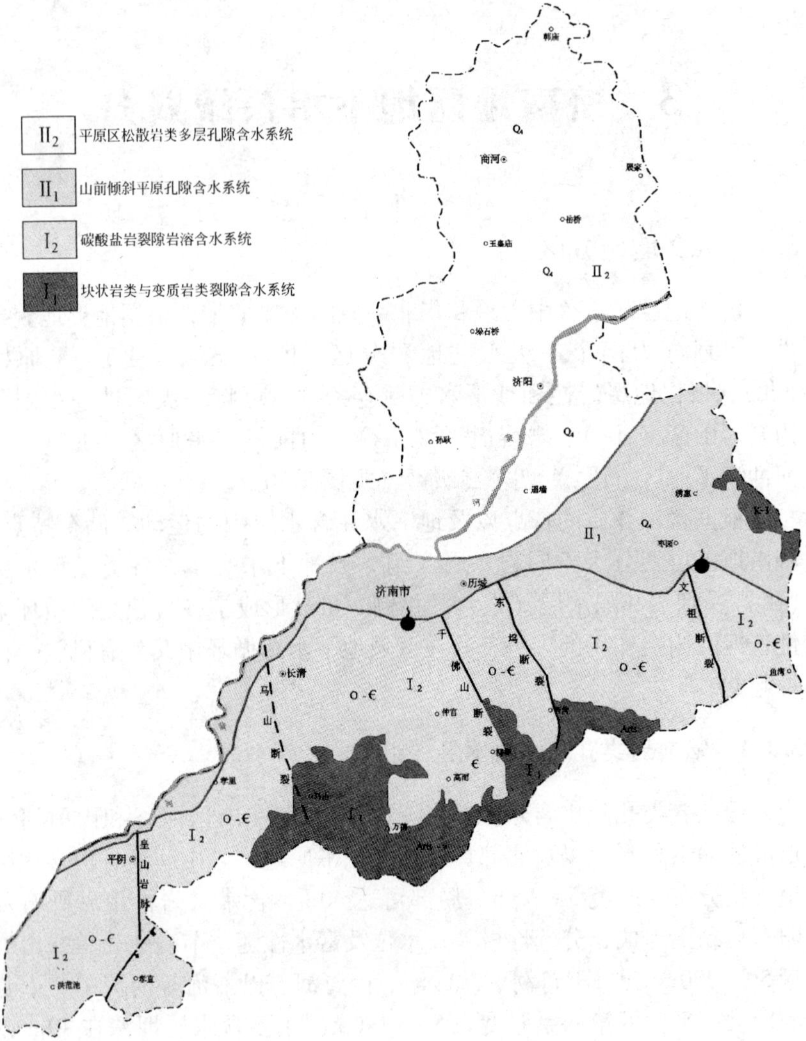

图 3-1 济南地区水文地质分区略图

砾石夹黏土，厚度 15~30m，单井出水量 500~2000m^3/d，水位埋深 4~7m。

山前岛状山地带分布松散岩类，厚度及岩性变化很大，其厚度为 5~20m，含水层土要是黏土裂隙及黏土夹砾石层，水位年变化幅度大，一般在 10m 左右，富水性差，单井出水量约为 10 ~ 30m³/d。

黄河冲洪积平原浅层地下水埋藏条件及分布规律主要受黄河古河道的变迁和改道环境所控制，在平面分布上，古河道带与古河道间带相间分布，呈南西 - 北东方向延伸，显示了黄河故道变迁的规律性。在古河道带内地下水含水层厚度大，颗粒粗，富水性强，水质较好；在古河道间带含水层厚度则较小，颗粒细，富水性及水质较差。在垂向分布上，含水砂层层位分布稳定，顶板埋深 5 ~ 13m，底板埋深 30 ~ 35m，砂层多为 2 ~ 3 层，含水层岩性为粉细砂或细砂。古河道带含水层单层厚度 4 ~ 15m，总厚度 12 ~ 24m，富水性好，单井涌水量一般为 30 ~ 40m³/h。古河道间带含水层单层厚度则较薄，约为 1 ~ 8m，含水层总厚度 4 ~ 17m，单井涌水量一般为 25 ~ 30m³/h，水质较差。水位年变化幅度一般小于 2m。

3.1.2 碳酸盐岩裂隙 - 岩溶含水层（组）

该含水层（组）由寒武系中统张夏组、上统凤山组和奥陶系含水层组成，其中张夏组鲕状灰岩的顶、底皆为页岩所隔，形成一单独含水层。

（1）凤山组至中奥陶八陡组含水层，岩性为厚层纯灰岩、白云质灰岩、灰质白云岩、白云岩和泥质灰岩。岩溶裂隙发育，且彼此连通，导水性强，有利于地下水的补给、径流和富集，在重力作用下，形成一个具有统一水面的含水体。但因分布位置及构造、地形、埋藏条件的影响，该含水层富水性相差悬殊。

在低山丘陵区，灰岩直接裸露地表，岩溶裂隙发育，有利大气降水的渗入补给，从而成为岩溶地下水的补给径流区。该区地下水交替强烈，但不利于地下水的储存富集，单井出水量一般小于 100m³/d；在地形、构造及地表水补给有利地段，单井出水量则可大于 500m³/d。地下水位埋深 50 ~ 100m，甚者大于 100m，水位年变化幅度 20 ~ 50m，成为供水较困难的贫水区。

丘陵及部分岛状山分布区，含水层主要为奥陶系灰岩，其部分裸露，部分隐伏在 10 ~ 20m 的第四系松散层下，呈带状分布，浅部岩溶裂隙发育。地下水主要接受大气降水补给及上覆松散岩类孔隙水的渗入补给，局部还接受地表水的补给，富水性中等，单井出水量为 100 ~ 1000m³/d，局部由于构造控制，单井出水量则可大于 1000m³/d。

山前倾斜平原以及单斜构造前缘，含水层岩溶裂隙发育，地下水储存于裂隙溶洞中，渗透系数一般皆大于 100m³/d。在西部地区、市区和东部一带钻孔出水量皆很丰富，一般单井出水量可达 1000 ~ 5000m³/d，局部地区大于 10000m³/d。水位埋深一般小于 10m，局部地区自流，水位年变化幅度一般为 3 ~ 4m。另外位于单斜构造前缘，在岩体及石炭、二叠系以下埋藏较深的碳酸盐岩（其顶板埋深大于 400m）岩溶一般发育较差，水交替循环缓慢，富水性较差，单井出水量一般小于 1000m³/d。由于承压水位埋藏较浅，有的自流。

（2）寒武系中统张夏组灰岩，主要分布在南部山区，局部裸露地表，含水层顶、底板分别是具有相对隔水作用的上统崮山组页岩和中统徐庄组页岩。灰岩顶部及底部岩溶发育，富水性一般为中等。裸露区单井出水量小于 100m³/d，隐伏区单井出水量则为 500 ~ 1000m³/d。但在北沙河、玉符河、巨野河、巴漏河两岸及构造与地形有利地段，富水性增强，单井出水量可大于 1000m³/d，且局部承压自流。

3.1.3 碎屑岩夹碳酸岩岩溶－裂隙含水层（组）

该含水层（组）分布于区内中南部，由寒武系下统馒头组、中统徐庄组及上统长山组的灰岩组成，其中馒头组由于相变，其底部的灰岩在本区变薄，长山组虽然灰岩组合比例大，但灰岩多为薄层，岩溶不发育，故也列入裂隙含水岩层（组）内。由于上述含水层灰岩与页岩成夹层或互层，故裂隙不发育，富水性差，单井出水量一般小于 100m³/d；在构造、地形适宜的地段，单井出水量也可达 100 ~ 500m³/d。该含水岩层分布的地势一般较高，且有页岩隔水，相互无水力联系，因此地下水无统一的水面形态。在沟谷切割或构造的控制下，往往出现阶梯水位。地下水流向受地层倾向及地形坡度控制。地下水水位埋深变化很大，一般为 5 ~ 10m，局部由于构造影响而自流。

3.1.4 变质岩及岩浆岩裂隙含水层（组）

该含水层（组）岩性主要为花岗片麻岩、板岩以及辉长岩、闪长岩等，地下水主要在岩石风化带的孔隙和裂隙中赋存与运动，风化带厚度一般在 10～15m。由于裂隙细小，故富水性极差且不均匀，单井出水量一般小于100m³/d。变质岩区季节性裂隙泉较多，但流量甚小。地下水流向与地形坡向一致，以基流形式汇入沟谷河流，以表流形式向碳酸盐岩分布区排泄。

3.2 济南地区岩溶水系统划分

地下水资源的分布与开发利用，受自然地理条件、含水层的空间结构、社会经济状况、产业结构布局、城市化进程等诸多因素的影响和制约。在不同的地下水系统中，这些因素的作用和影响程度都有明显的差异。因而，开展地下水系统环境和结构分析，对地下水系统进行合理划分，确定不同层次地下水系统的区、级，是更准确评价地下水资源的基础，是进一步运用地下水系统理论进行地下水资源合理开发利用研究、对地下水资源进行科学管理和正确认识地下水资源开发利用与环境保护之间相互关系的前提。

地下水系统区是指具有相似的水循环特征且在地域上相互毗邻的地下水系统组合体。区内的地下水系统的输入和输出受相似气候条件或地表水系等的影响，使得区内所包含的地下水系统的循环特征具有一定的共性。每个地下水系统区可以包含若干个子地下水系统。依据地下水系统理论，并根据地形地貌、大地构造、水文地质特征、气候、地表水系等差异，地下水系统划分应重点考虑地下水系统的自然属性。

不同地貌单元常构成不同的地下水系统分区。从宏观上来看，南部古老变质岩系组成的泰山山脉为区域地表水和地下水的分水岭，古省界寒武系、奥陶系碳酸盐岩地层呈单斜产状覆盖在变质岩系之上并与地形倾向基本一致，向北倾斜，至北部碳酸盐岩而掩伏于山前第四系地层之下。山前与北部平原过渡带在第四系之下自东向西依次为：普集—明水—埠村—孙村—东梁王一线分布石炭、二叠地层；市区及东西郊为燕山期火成岩体分布；西郊睦里—前隆北—牛角店—东阿以北一线为石炭、二叠地层；一系列北西向、北东向和南北向断裂构造体切割古省界地层。这一特定的地形、地质和构造条件，控制着区域含水层的空间分布、地下水运动、水循环条件和富水状况。

在综合考虑水系、地区构造、地貌特征的基础上，把济南地区山前岩溶水划分为两大地下水系统：一是明水岩溶水系统；二是济南—平阴岩溶水系统；二者的分界线为文祖断裂（埠村向斜），两个岩溶水系统基本不存在水力联系，如图3-2所示。

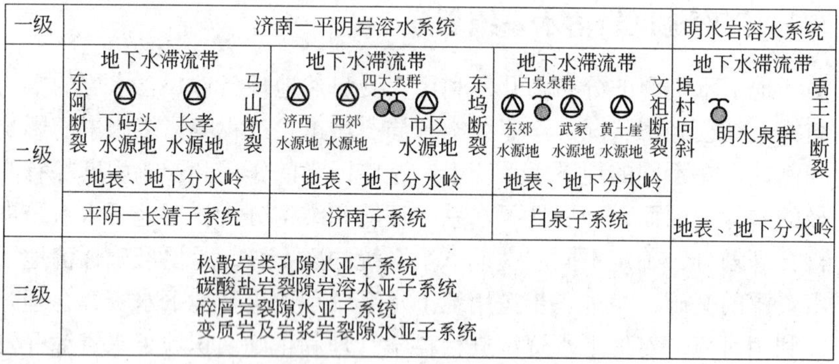

一级	济南—平阴岩溶水系统			明水岩溶水系统
二级	地下水滞流带 东阿断裂　下码头水源地　长孝水源地　马山断裂	地下水滞流带 济西水源地　西郊水源地　四大泉群　东坞断裂	地下水滞流带 白泉泉群　东郊水源地　武家水源地　黄土崖水源地　文祖断裂	地下水滞流带 埠村向斜　明水泉群　禹王山断裂
	地表、地下分水岭	地表、地下分水岭	地表、地下分水岭	
	平阴—长清子系统	济南子系统	白泉子系统	地表、地下分水岭
三级	松散岩类孔隙水亚子系统 碳酸盐岩裂隙岩溶水亚子系统 碎屑岩裂隙隙水亚子系统 变质岩及岩浆岩裂隙隙水亚子系统			

图3-2 岩溶水系统划分

由于地质条件的差异，济南—平阴岩溶水系统内部存在不同程度的水力联系。东坞断裂两侧的水文地质条件存在差异，断裂北段呈现弱透水的性质；马山断裂北段两侧水力联系密切，天然条件下两侧水量交换不大；黄山岩脉虽然具有阻水性质，但是牛角店断裂具有透水性质，透水性较好。据此，可以把济南—平阴岩溶水系统划分为三个子系统，分别为平阴—长清子系统、济南市区子系统和白泉子系统，总面积约 $3600km^2$。

4 岩溶含水介质特征研究

4.1 岩溶含水层赋存条件

济南地区的主要岩溶含水层为寒武系张夏组（$\in_2 z$）、凤山组（$\in_3 f$）和奥陶系（O）灰岩。其中 $\in_3 f \sim O$ 含水层间的水力联系密切，视为统一含水岩组，而 $\in_2 z$ 与 $\in_3 f \sim O$ 间有 $\in_3 g + c$ 作为良好的隔水层，但通过构造导水二者之间也存在一定的水力联系。

4.1.1 寒武系张夏组（$\in_2 z$）含水层

$\in_2 z$ 以张夏组灰岩作为供水目的层，主要分布在池子—崮山—崔马—大涧沟—涝坡以南一带，大部分地区灰岩裸露或浅埋，枯、丰水期地下水水位埋深变化较大。含水层厚度一般均在 $30 \sim 50m$ 之间，如东渴马村钻孔资料，地层厚度 176.66m，顶板埋深 44.22m，含水层厚度 45m。另外，崔马村 2001 年枯水期水位埋深 40.61m，丰水期为 20.50m，地下水水位年变化幅度达 20.11m。

在单斜构造的北部，$\in_2 z$ 地层顶板埋深大，顶板埋深数十米至数百米不等，取水困难。如浆水泉水库南供水井孔深 505m，水位埋深 149m；市区附近如 ZK_5 号孔，孔深 700.54m，$\in_2 z$ 顶板埋深 400m 左右，含水层厚 15m，发育在 $405 \sim 420m$，2002 年 6 月 13 日水位埋深 7.8m。又如大明湖北白鹤庄 J_{29} 号孔，孔深 892.70m，$\in_2 z$ 顶板埋深 640.10m，岩溶发育段在 $663.50 \sim 665.0m$ 和 $792.65 \sim 794.35m$ 层位，1985 年 7 月 8 日水位高出地面 0.74m。虽然北部的张夏组含水层具有一定供水意义，但由于张夏组含水层山前地带埋深大，故不具备集中供水条件。

4.1.2 寒武系凤山组（$\in_3 f$）与奥陶系（O）含水层

$\in_3 f \sim O$ 作为济南地区的主要供水目的层，广泛分布于柿子园—

魏庄—罗而庄—潘村—石青崖—东八里洼—窑头—石河岭一线以南的裸露区，该线以北则大部分被第四系或火成岩所覆盖，富水性良好（见图4-1）。裸露区一般处于地下水的补给径流区，水位埋深一般

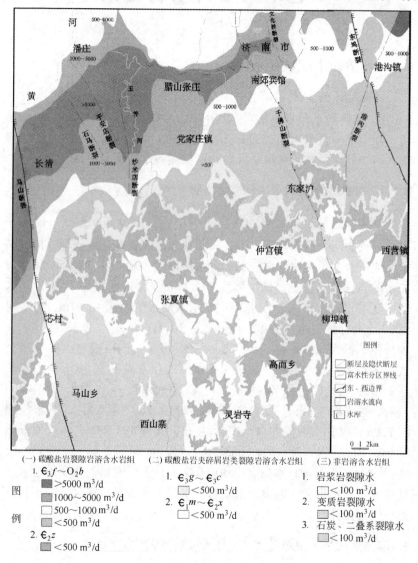

图例

(一) 碳酸盐岩裂隙岩溶含水岩组
1. $\varepsilon_3 f \sim O_2 b$
- ▓ >5000 m³/d
- ▒ 1000~5000 m³/d
- ░ 500~1000 m³/d
- □ <500 m³/d
2. $\varepsilon_2 z$
- ▒ <500 m³/d

(二) 碳酸盐岩夹碎屑岩类裂隙岩溶含水岩组
1. $\varepsilon_3 g \sim \varepsilon_3 c$
- □ <500 m³/d
2. $\varepsilon_1 m \sim \varepsilon_2 x$
- □ <500 m³/d

(三) 非岩溶含水岩组
1. 岩浆岩裂隙水
- □ <100 m³/d
2. 变质岩裂隙水
- □ <100 m³/d
3. 石炭、二叠系裂隙水
- □ <100 m³/d

图4-1 济南泉域水文地质略图

较大，如老石沟2002年枯水期水位埋深90m，荆山庄2002年8月16日水位埋深115.32m。

隐伏奥陶系灰岩的埋深等值线总体沿地形高差展布，由南向北渐次变深（见图4-2）。由于受北部辉长岩体侵入影响，灰岩和辉长岩体接触带两侧的灰岩埋深有较大差异。在接触带以北地区灰岩顶板埋深陡然加大，一般埋深多在50m以上，最大揭露深度可达500m。灰岩顶板埋深等值线沿接触带向北呈波状展布，区内受多组北西向断裂切割而成多个断块，各断块的灰岩顶板埋深延展和分布多有不同。

千佛山断裂以西地区，灰岩顶板埋深等值线间距较小，且在断裂

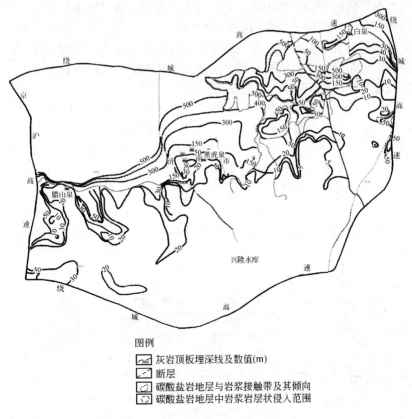

图例

- 灰岩顶板埋深线及数值(m)
- 断层
- 碳酸盐岩地层与岩浆接触带及其倾向
- 碳酸盐岩地层中岩浆岩层状侵入范围

图4-2 碳酸盐岩顶板埋深等值线图

附近至远离断裂方向上等值线的间距更为紧凑，反映了辉长岩体和奥陶系灰岩接触面较陡、岩体厚度较大的特点。

千佛山断裂和文化桥断裂之间地区，受两条断裂作用，区内形成地垒，致使灰岩和辉长岩体接触带北移，其灰岩顶板埋深等值线相对较为平缓，呈波状向北延展，其50m等值线分布于泉城路一线，而500m等值线则已延展至小清河一带。

文化桥断裂和东坞断裂之间地区，辉长岩体多呈舌状顺层侵入奥陶系灰岩中，在空间分布上表现为灰岩和辉长岩体相互交错，因而，本地区奥陶系灰岩的顶板埋深等值线分布受辉长岩体的侵入产状和侵入范围控制。但灰岩的顶板埋深总体规律是由南向北逐渐变深，500米埋深等值线分布于华山镇一带，与物探布格重力异常图中济南东部岩体以东郊华山镇为中心的推断相吻合。

东坞断裂以东地区，辉长岩体主要环形分布于王舍人镇附近，岩体西部接东坞断裂，辉长岩与奥陶系灰岩相互穿插，岩体分布区灰岩顶板埋深最小为150m，最大为500m。

（1）西郊（段店以西）。西郊玉符河、北沙河冲积扇第四系覆盖区，松散盖层的厚度由南向北，由东向西逐渐增厚，在长清—大柿子园—务子西—北汝—平安店—石马—罗而庄一带的厚度大于50m，在北潘庄一带达到300多米；冲积扇边缘第四系覆盖区，$\in_3 f \sim O_2$ 地层顶板埋深一般在 $20 \sim 50m$ 之间，下伏地层岩性以 $O_1 m^2$ 与 $O_1 m^4$ 为主（见图4-3）。在炒米店地垒内含水层埋深加大，地垒两侧由西向东，第四系覆盖层厚度逐渐减少。受地垒影响，郑庄以南第四系等厚线向

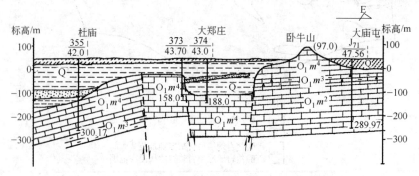

图4-3 炒米店地垒杜庙—大庙屯地质剖面图

南突出。

总体来看，西郊地段灰岩地层顶板埋深由南向北逐渐增大（见表4-1），冲积扇含水层的厚度由中间向南、北两侧逐渐变大。中部的吉尔屯—党家庄—井家沟—卧牛山南一带含水层厚度大于70m。

表4-1 西郊灰岩顶板埋深对比

位 置	灰岩顶板埋深/m	孔深/m
殷家林南	57.816	300.67
郑庄西	70.00	158.00
南八里东	89.10	302.11
龙王庙东北	150.00	383.97

（2）市区（四大泉群出露区）。本区奥陶系灰岩顶板埋深总体由南向北渐次变深。受千佛山断裂和文化桥断裂切割控制，千佛山断裂以西地区灰岩顶板埋藏深度较大，多在150~500m之间；文化桥断裂以东至甸柳庄区域，灰岩顶板埋藏深度多在50~200m之间。千佛山断裂和文化桥断裂之间的市区含水层岩性以 O_1y+l 为主，含水层被第四系与火成岩体所覆盖；顶板埋深变化较大（见图4-4），省工会一带埋深达160多米，趵突泉附近灰岩顶板埋深仅8m；市区由南向北灰岩顶板埋深逐渐增大，区内灰岩裂隙、溶孔、溶洞发育，富水性强。

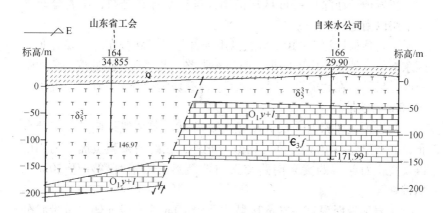

图4-4 山东省工会—自来水公司地质剖面图

由于受两条断裂切割控制，该地区奥陶系地层相对抬高，因此其埋藏深度较浅，多在 5 ~ 150m 之间，只有北部地区灰岩顶板埋深大于 150m。受断裂切割牵引作用，本区在靠近两侧断裂的区域，奥陶系灰岩顶板埋深比水平方向上其他区域的都要深一些（见图 4 - 5）。

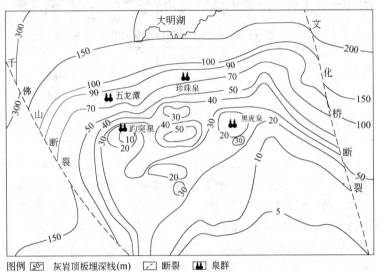

图例 ⌇50⌇ 灰岩顶板埋深线(m)　⌐⌐ 断裂　▲▲ 泉群

图 4 - 5　市区灰岩埋深等值线图

　　灰岩顶板埋深 0 ~ 5m 区域沿山前部位呈环状分布，主要分布于经十路以南地区。

　　灰岩顶板埋深 5 ~ 10m 区域沿山前部位呈环状分布，主要分布本区东南部，处于历山路以东、南起经十路、北至和平路的近三角地带地区。另外，在趵突泉公园内和圣凯摩登城附近分别存在一个埋深小于 10m 的地带。

　　灰岩顶板埋深 10 ~ 20m 区域主要沿 10m 等值线外侧呈条带状分布，展布形态与 10m 等值线相似。此外，在趵突泉和黑虎泉的周围以及文化西路与趵突泉南路交叉口两侧各分布有埋深小于 20m 的地带。

　　灰岩顶板埋深 20 ~ 30m 区域主要沿 20m 等值线外侧也呈带状分布，起于东部文化桥断裂，收于南部泉城公园附近，空间上表现为两端窄幅、中间宽域展布的特点。另外，在黑虎泉北路恒隆广场区域亦有一埋深小于30m 的地带。

灰岩顶板埋深 30~40m 区域主要沿 30m 等值线外侧仍呈带状分布，于中信广场至齐鲁医院一带存在一个楔状区域并向西南前突至文化西路一带。

灰岩顶板埋深 40~50m 区域主要由两个部分组成：其一沿 40m 等值线外侧呈条带状分布，展布形态与 40m 等值线相似，其中间部位向北直至泉城路一带；其二在泉城广场及附近区域分布有大于 40m 的椭圆形地带，其范围包括泉城广场大部，向南至天安时代广场一带。

灰岩顶板埋深 50~60m 区域与灰岩顶板埋深 40~50m 区域分布形态相似，同样由两部分组成：其一沿 50m 等值线外侧呈条带状分布，展布形态与 50m 等值线相似；其二在济南二中至科技馆一带分布有大于 50m 的椭圆形地带。

灰岩顶板埋深 60~150m 等值线区域均渐次向北呈条带状展布，其展布形态与 60m 等值线相似，其中 150m 等值线分布于明湖路一带。

（3）东郊高新技术开发区（甸柳庄—东坞断裂）。东郊高新技术开发区含水层岩性以 O_1m^1 与 O_1m^2 为主，如图 4-6 所示，其顶部被第四系与火成岩体所覆盖。由于火成岩穿插，含水层埋藏条件复杂，

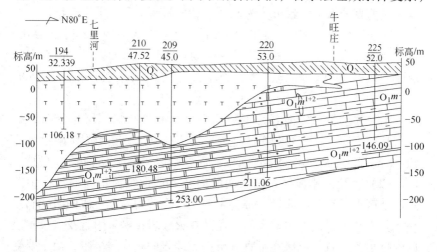

图 4-6 七里河—牛旺庄地质剖面图

灰岩顶板埋深变化大，由西向东顶板埋深逐渐减小，但总体趋势不甚明显。如大辛庄南孔深 182.0m，灰岩顶板埋深 129.08m，农科院北孔深 98.10m，灰岩埋深 27.5m。该区 300m 深度内含水层厚度由西向东逐渐变薄，但在东坞断裂附近含水层厚度又有增大的趋势，厚度为 20～40m 和大于 70m 的区域较多。因火成岩穿插，高新技术开发区含水层连续性相对于市区和西郊较差，因而抽水降深较大，且富水性不均一。

4.2 岩溶发育特征

4.2.1 岩溶发育的分带特征

（1）南部山区的补给径流区。济南地区属中－寒温带气候，亚干旱岩溶区，除 6、7、8 三个月份炎热多雨外，年内大部分月份干旱少雨，且直接补给区的灰岩山区土壤植被稀少，缺少表流的经常性洗溶。地表岩溶仅在灰岩顺层缓坡地带有局部片状石芽、溶沟岩溶等景观。此外，在灰岩陡坡的不同高程，可见部分古代岩溶遗留的干溶洞。裸露灰岩区域因接受降雨及地表径流的补给，在深部又存在层状非均匀地下溶隙－溶孔径流，地下水由南北向及北西向径流。因此，本区在垂直分带上大致可分为地表及垂直岩溶带和水平岩溶带。

地表及垂直岩溶带的岩溶形态主要是地表的溶沟、石芽、溶孔、古溶蚀洼地及古溶洞。垂直岩溶带主要位于地下水面以上，以渗入水形成的垂直溶孔、溶洞、溶隙为主，深度约在地表以下 30～50m 左右。

水平岩溶带也以溶孔、溶隙及小型孔洞的脉状似层状分布为特征，其深度在厚层灰岩分布的地表以下 200 余米，在断裂带附近可达 400m 左右，在灰岩与弱溶性岩层交界处则以弱溶性岩层的顶面为界。

（2）汇流－排泄区。山区南北向及北西向径流汇流后，在山前平原地区形成近东西向径流带。岩溶发育比较均匀，形成网络孔洞系统，具有统一平缓的岩溶水面，尤其在火成岩接触带附近及大泉排泄区附近更为发育。此区在垂直分带上无地表的垂直岩溶带，而主要受径流交替积极程度控制，可分为由溶蚀孔洞及宽溶隙组成的强岩溶带，由溶孔、窄溶隙组成的中-弱岩溶带，弱岩溶带三带。

4.2.2 岩溶发育的层状特征

济南地区岩溶发育的碳酸盐岩层，形成于不同的地质年代，不同的沉积环境，各层碳酸盐岩的化学成分、矿物成分、结构及构造均有一定的差异，故其岩溶特点及岩溶分布发育程度不尽相同（见表4-2）。岩溶最易发育的层位是寒武系中统张夏组，奥陶系下统亮甲山组、马家沟组二段及中统八陡组；岩溶最易发育的岩性是鲕状灰岩类，其次是泥晶灰岩类和豹斑灰岩，第三为白云岩类。在鲕状灰岩中，溶孔、溶隙均易发育成溶蚀孔洞-溶隙网络系统；在泥晶灰岩中则以裂隙为基础扩溶成宽溶隙系统，局部有较大的孔洞；白云岩类则以较均匀分布的溶孔和小型孔洞为主。由于岩性与层位密切相关，故岩溶发育具有一定的层状特点，例如：张夏组基本上由巨厚鲕状灰岩组成，成为单独的岩溶较发育的层状溶蚀孔洞-溶隙网络系统；寒武系凤山组到奥陶系中统八陡组，岩性组成比较复杂，虽在岩溶发育上互有联系，但各层均有自己的特点，其中泥晶和豹斑灰岩以具有相对均匀性落差的宽溶隙系统为主，白云岩类及角砾岩类则以较均匀的层状溶孔及小型孔洞为主，各层间又间隔一些岩溶不甚发育的层位，如冶里组和马家沟组一段，二者含泥多而岩溶不甚发育。

表4-2 寒武系凤山组-奥陶系八陡组主要岩石类型及化学成分表

层位	岩石名称	化学成分/%					备 注
		烧失量	CaO	MgO	SiO_2	酸不溶物	
O_2b	泥晶灰岩	41.82	53.84	1.01	2.05	2.72	豹斑灰岩中仅分析非豹斑部分的成分
	结晶灰岩	41.84	49.56	2.59	4.35	6.52	
	豹斑灰岩	43.06	52.28	2.75	1.25	2.10	
	白云岩类	44.17	42.43	11.94	1.31	1.92	
	角砾状灰岩及白云质灰岩	42.59	47.82	5.51	3.30	4.69	

续表 4 - 2

层位	岩石名称	化学成分/%					备注
		烧失量	CaO	MgO	SiO_2	酸不溶物	
O_1m^4	泥晶灰岩	42.90	52.91	1.66	1.96	2.72	豹斑灰岩中
	豹斑灰岩	42.78	51.99	2.00	2.49	3.29	仅分析非豹斑
	白云岩类	42.81	37.37	13.93	5.45	6.09	部分的成分
O_1m^3	角砾状灰岩及白云岩类	42.88	47.71	5.53	3.19	4.49	
O_1m^2	泥晶灰岩	42.24	52.97	0.82	3.13	4.20	豹斑灰岩中
	豹斑灰岩	42.78	51.73	2.86	2.41	3.09	仅分析非豹斑
	白云岩类	42.12	41.62	10.29	4.66	6.25	部分的成分
O_1m^1	白云质含泥灰岩夹角砾	37.45	38.44	9.03	11.93	15.86	
O_1l	含燧石结核白云岩	43.90	40.84	10.86	4.34	4.56	不包含燧石结核
O_1y	白云岩	40.17	29.44	15	11.84	15.22	有三层含泥较高的白云岩
$\in_3f$	豹斑灰岩类	42.08	50.08	2.9	3.62	4.97	

根据对钻孔资料的统计分析，各层地下岩溶发育的特征如下：

（1）亮甲山组地下岩溶较发育，市区的钻孔在该层中每孔均见溶隙、孔洞和小型洞穴，钻孔出水量均较大，显示出其层状较均匀发育的特点（见表4-3）。

表 4 - 3 市区亮甲山组地下岩溶发育特征表

位 置	地层	地下岩溶发育情况	孔口标高/m
省贸易职工医院	O_1l	地下 52.18~89.12m 段溶孔发育密集，空洞洞径 20~60cm，承压岩溶水	48.29
山东省工学院	O_1l	地下 59m 处见孔洞，直径 1~10cm，洞内有红色黏土	57.20
卫生干校	O_1l	5m 处见大量溶孔，孔径 1~4cm；20m 处见10cm 溶洞；24~28m 段岩心破碎漏水严重	74.91
山东合作干校	O_1l	地下 43~57m 处，孔洞特别发育，直径为10~30cm	42.51
五大牧场水厂	O_1l	地下 27m 处有数个溶洞，洞径 1.5m，可探长度 10 余米	55
党家庄	O_1l	钻孔打到 O_1l 后蜂窝状溶蚀剧烈，孔洞最大直径 0.46cm，有裂隙但裂隙溶蚀不明显	

（2）马家沟组、阁庄组和八陡组的地下岩溶主要形态为溶孔、溶隙和孔洞，统计 181 个钻孔，从其中对溶洞有明确描述的 30 个钻孔情况可以看出（见表 4-4 和图 4-7），直径大于 20cm 的绝大部分溶洞发育在地表以下 200m 深度范围内，且在 200～460m 深度内尚可见一定数量的溶洞，个别钻孔在 550m 层位仍可见 20～40cm 的溶洞。

表 4-4　马家沟组、八陡组地下溶洞统计表（$d > 20$cm）

埋深/m	孔号
	ZK4 / 72-2 / 72-1 / ZK19 / ZK25 / 633 / ZK4 / C19 / 654 / ZK6 / ZK12 / 口15 / 631 / 115 / 口18 / C5 / CK62 / ZK9 / ZK3 / ZK1 / 水1 / 37 / K6 / 水21 / A8 / C7 / 水厂3 / A14 / 水2 / B28

（纵深刻度：20、40、60、80、100、120、140、160、180、200、220、240、260、280、300、320、340、360、380、400、420、440、460、480、500、520、540）

孔号标高/m	130	120	117.5	112	34.5	83.7	70.6	70	66.2	63.1	59.3	57.4	50.3	48.3	41	36.6	35.2	34.4	34.4	34.2	30.8	30.5	30.1	29.5	29.2	23.5	28	65	30.3	29

注：1. 纵向表示见溶洞段的起止深度；

　　2. 表内每一格宽表示溶洞直径，分四级：d 大于 100cm 划满格；d 为 60～100cm 划 3/4 格；d 为 40～60cm 划 1/2 格；d 小于 40cm 划 1/4 格。

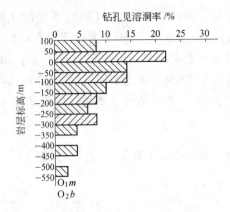

图 4 - 7　钻孔见溶洞率与标高关系图

　　按标高计算，－150m 以上溶洞占总数的 68%，－150 ～ －450m 间占 30%，－450m 以下仅占 2%，其中尤其以 +50 ～ －100m 之间溶洞最发育，可能是地下水交替循环强烈的缘故。因此本地区岩溶发育带的深度在地下 200m 或 －150m 标高以上，－150 ～ －350m 为中等发育带，－350 ～ －550m 为弱发育带。

　　（3）张夏组灰岩不仅地表溶蚀强烈，地下岩溶也相当发育，钻孔中均见到了较发育的溶孔与溶槽，在 200 ～ 500m 深度内大部分层位可见到溶洞。张夏组岩溶发育的部位，大都是顶部、上部及底部（见表 4 - 5）。

4.2.3　地质构造对岩溶发育的控制

　　地质构造对济南岩溶的控制主要反映在两个方面：一是区域缓倾单斜构造控制着可溶岩层的空间展布，从而控制了本区岩溶的总体分布和发育方向；二是区域性节理和断裂分割后的各断块水文地质条件控制了地表或地下岩溶在不同地段的发育程度和发育方向。大型断裂本身不发育岩溶，但断裂影响带有岩溶发育。局部小型褶曲的轴部是岩溶易发育的部位。

4.2.4　岩性与岩溶发育的形态和类型的关系

　　根据钻孔资料的分析，地下岩溶最为发育的是泥晶灰岩、大理岩

表4-5 寒武系张夏组地下岩溶统计示意表

埋深/m	孔位																												
	刘家林	东渴马	蛮子村	壅子村	邵而西	大石崮西	夏兴西村	吴家庄	互峪沟	南康甭西	西仙	西仙南	大洞沟	西沟	南高尔	水泉	松家东	山峪沟	西营	西营大队	石岑	宅科	宅科	大龙堂	塞山后	丘家庄西	南永大队	东北场西	东沟
井深/m		147	379		196	232	191.2		330		225.4	340	8	169	88	118		201.8	150	201				238	420	195	195	352	
水位				25	64	60		19	12	58	50	2		28	61		22		22					8	120	35	36	38	
涌水量/m³·h⁻¹	40	80		56	56	20	30	56	56	24	40	56	70		56	56	56			30	56			56	116	40	40	30	56
孔口标高/m			142	140		130	123	150		140	160	125	130						280										

图例　ξ 裂隙溶隙溶孔　8 溶洞

和白云质灰岩（见表4-6）。泥晶灰岩岩溶的特点是以溶隙为主，孔洞占第二位，而溶孔相对较少；大理岩岩溶是溶隙和孔洞均极为发育；白云质灰岩则是孔洞和溶孔占主要优势；豹斑灰岩以溶隙和溶孔为主，而孔洞较少。值得注意的是由于大理岩的岩溶极为发育，尤其是以孔洞和溶隙为主，其连通性必然良好，且大理岩仅分布于火成岩

表4-6 岩溶发育与岩性关系表

岩 性	总厚度/m	溶 隙		溶 孔		孔 洞	
		厚度/m	%	厚度/m	%	厚度/m	%
大理岩	3375.11	1389.43	41.17	287.37	8.51	1698.31	50.32
泥晶灰岩	4577.96	2719.533	59.40	568.15	12.41	1290.28	28.18
白云质灰岩	629.171	150.56	23.93	131.13	20.84	347.481	55.23
豹斑灰岩	276.77	233.69	84.435	24.53	8.863	18.55	6.705
结晶灰岩	267.295	149.005	55.746	54.43	20.363	63.86	23.891
角砾灰岩	50.58	15.08	29.814	13.58	26.849	21.92	43.337
泥质灰岩	351.171	101.322	28.853	125.55	35.752	124.3	35.396
泥灰岩	144.28	8	5.545	4.7	3.26	131.58	91.198
合 计	9672.34	4766.62		1209.44		3696.28	

注：溶隙包括节理和溶隙直径小于2cm的溶孔，孔洞包括直径大于2cm的溶蚀空隙。

边缘的窄带状条带区域，因此，济南地区沿火成岩边缘必然存在岩溶发育良好的径流带。

由此可见，济南泉域直接补给区内地表、地下岩溶发育，有利于地下水的补给、运移、储存，具有巨大的储水能力和储水空间。巨大的储水空间和得天独厚的地质条件，有利于形成稳定的地下水动态和兴建地下水库。这种岩溶发育特征对泉水保护、水资源合理开发利用以及生态环境的改善具有十分重要的作用。

4.3 奥陶统含水介质类型和特征

4.3.1 下奥陶统白云岩骨架类型和特征

根据实测资料，下奥陶地层主要岩性有不等晶云岩、细晶云岩和粉晶云岩，其次有微晶云岩、泥晶灰岩、灰质云岩、中晶云岩和碎屑云岩，它们共同构成含水介质骨架。

（1）不等晶云岩。由粒度不等的白云石晶体组成，晶体的形状、大小及排列方式等决定骨架的性质。连续不等晶结构白云岩的晶体大小一般为粉晶和细晶，以它形晶构成紧密镶嵌结构，孔隙有晶间孔及其溶孔，常被方解石和玉髓（含量约10%）充填。白云石晶体从微晶到中晶，其他粉晶以下呈它形晶，细晶以上呈半自形晶、自形晶，晶体间接触疏松，不同粒级的白云石晶体分别集中呈斑状分布。孔隙以溶孔为主，次为晶间孔，部分薄片中见裂隙发育，填隙物为方解石和玉髓，含量约为4%。

（2）细晶云岩。白云石含量在90%以上，晶体大小相差小，分布均匀，以它形晶或半自形晶构成紧密镶嵌骨架，去云化和硅化后，白云石含量降低到75%，但此时骨架的紧密程度也遭到破坏。孔隙以溶孔、晶间孔、孔洞和裂隙为主，数量较多。填隙物为硅质和方解石，含量较少，充填在部分孔洞和裂隙中。

（3）粉晶云岩。白云石含量超过90%，晶体大小从微晶到细晶，以粉晶为主，多呈它形晶，仅0.03mm以上的粉晶可呈半自形晶或自形晶。晶体之间构成较紧密镶嵌结构，溶孔少，裂隙或发育，或不发育。当裂隙发育时，岩石被切割成角砾或假角砾。

4.3.2 下奥陶统白云岩空隙空间

4.3.2.1 空间类型

通过地表调查、钻孔岩心统计和微观研究，下奥陶统白云岩空间类型主要有溶孔、晶间孔和溶洞。

（1）溶孔。根据成因不同，溶孔的形态、大小存有差异。微观研究表明，与岩石组构有关的晶间、晶内溶孔，形态常为三角形、多边形、长条形，边缘呈梭角状、阶梯状，大小在100μm以下；与岩石组构无关的沿裂隙和层面发育的溶孔，呈拉长状，形态圆滑，长度一般大于100μm；被硅质或方解石等充填的晶洞，大小在500μm以上。宏观上，无论在地表还是在地下，溶孔均非常发育，呈蜂窝状或孤立分布。

（2）晶间孔。其形态规则，呈三角形、多边形，边缘平直，大小一般为20~30μm，很少超过60μm。晶间孔是最常见的孔隙类型之一，但由于规模小，且可被充填，其存在意义不如溶孔重要。

溶洞。多见于钻孔中，也见于地表，最大宽度为25m，最大高度为5m，最大长度为40m，其中呈狭长状者可能与北西-南东方向的裂隙有关。

4.3.2.2　喉道

常见的喉道有裂隙、晶间隙和解理缝，起连通作用。裂隙有三种：构造作用形成的裂隙成组出现，平直且宽度稳定；成岩作用形成的裂隙呈龟裂状，边缘弯曲，可尖灭；溶蚀作用形成的裂隙，形态多变，边缘弯曲不平，宽度可变。晶间隙呈片状，宽 $10\mu m$，长为宽的 4 倍以下；解理缝呈窄条状，宽小于 $10\mu m$，长为宽的 4 倍以上，且皆只见于微观。

4.3.2.3　孔隙空间几何结构类型和特征

下奥陶统中常见的孔隙空间几何结构有五种，即无喉型、短喉型、网格型、裂隙型和复合型。

无喉型为晶间孔或孤立的溶孔与极少量的喉道构成的孔隙空间几何结构。这种结构中的孔隙是无效的。

短喉型是由晶间孔、溶孔与晶间隙等组合而成，其有效孔隙度可能较高，但渗透性一般较低。

网格型指晶间隙沿白云石晶面发育成网格状或裂隙互相切割形成网格状，连通晶间孔、溶孔等，其渗透性比短喉型的略好。

裂隙型指储集空间为孔和洞，并主要以裂隙作为连通喉道的孔隙空间几何结构。这种结构的有效孔隙度高，渗透性强。

复合型指空隙空间为孔洞和晶间孔等，连通喉道以晶间隙为主兼有裂隙，其结构的有效孔隙度较高，渗透性较好。

4.3.2.4　有效空隙率

空隙应包括岩块孔隙、地表和钻孔溶洞、裂隙等。根据岩块有效孔隙度统计结果表明，下奥统白云岩骨架包围的孔隙 60% 以上是有效的，其中亮甲山组的孔隙 75% 是有效的，而冶里组则仅 18% 是有效的。表 4 - 7 中列出了白云岩有效孔隙度和渗透率的厚度加权平均值。当所取的样品中有裂隙时，有效孔隙度增加 0.6 ~ 0.7 个百分点，渗透率则可增加 20 倍，这说明裂隙的贡献主要是使渗透能力剧增而不是获得大量的储集空间。对孔隙度和渗透率的相关分析也证实了这点，当统计包括裂隙明显的样品时，其孔隙度与渗透率的相关性较差；不计裂隙明显的样品时，孔隙度与渗透率呈正相关关系，相关系数为 0.68，取置信度 0.999，F 检验值（18.91）大于置信值（14.38），建立的回归方程是显著的。

表 4-7 下奥陶统白云岩孔渗特征表

层 位	有效孔隙度/%		渗透率/mD	
	无裂隙	有裂隙	无裂隙	有裂隙
亮甲山组	3.07	3.79	0.184	4.022
冶里组	1.6	1.6	0.07	0.07
下奥陶统	2.64	3.24	0.148	2.997

4.3.3 含水介质类型及特征

白云岩骨架和空隙空间是一个有机统一体。依据白云岩骨架和空隙空间及其几何结构，下奥陶统可划分出三种含水介质类型，即裂隙-溶孔或溶洞型，晶间隙-晶间孔或溶孔型和裂隙、晶间隙-溶孔、溶穴、晶间孔复合型。

4.3.3.1 晶间隙-晶间孔或溶孔型

这是一种以粉晶云岩、细晶云岩或中晶云岩为骨架，以晶间隙连通晶间孔或溶孔而构成的含水介质，其有效孔隙度一般为 2%~3%，渗透率小于 0.5mD。由于这种骨架比较均一，地下水沿晶间隙溶蚀。模拟溶蚀试验结果，比溶蚀度平均在 0.7 以下，比溶解度在 0.6 以下，机械破坏量小于 10%，因此地下水的溶蚀可能是比较均匀的。这种介质含水量不大，但含水比较均匀。

4.3.3.2 裂隙-溶孔或溶洞型

这是以薄层粉晶云岩、细晶云岩、中厚层不等晶云岩及厚层去云化灰质微晶云岩为骨架，由裂隙连通溶孔或溶洞形成的含水介质。该含水介质渗透率很高，一般为几到几十毫达西，有效孔隙度一般大于

4%，高者可达 12.4%。据研究，薄层粉晶云岩和细晶云岩节理率是最高的，可达 444 条/m²。随着层厚增加，节理率降低。薄－中层白云岩节理率为 30～40 条/m²，厚层白云岩节理率为 10～25 条/m²。在地下水径流排泄区，对薄层粉晶云岩和细晶云岩来说，地下水沿大量节理渗透和溶蚀。由于岩石单层厚度小，节理发育，不具有形成大型洞穴的能力，但可能形成沿节理发育的溶孔，并为节理连通的网格状均一含水介质。这种介质具有中高有效孔隙度和最大的渗透率，表现为具有较好的储水能力和最好的导水能力。在厚层不等晶云岩和去云化灰质微晶云岩中，地下水沿节理下渗、溶蚀，可产生差异溶蚀作用和物理崩塌作用，即方解石先于白云石溶解，白云石随后脱落。模拟溶蚀试验表明，机械破坏量约为 20%～30%。所以，尽管厚层不等晶云岩和去云化灰质微晶云岩的单层厚度大，但由于连续厚度小，溶蚀快，易崩塌，仍难以形成大型洞穴，但却可能形成以裂隙连通的溶孔或溶洞含水介质，并具有中高渗透率和中－最高的有效孔隙度。

4.3.3.3　裂隙、晶间隙－溶孔、溶穴、晶间孔复合型

这是以斑状不等晶云岩为骨架，由较少的裂隙和较多的晶间隙连通溶孔、溶穴和晶间孔构成的含水介质。因此其储渗能力介于前述二者之间，有效孔隙度约 5%，渗透率近 1mD。模拟溶蚀试验结果表明，比溶蚀度仅次于微晶云岩，但机械破坏量最大，平均约 40%，最大达 60%。因此这种介质的形成可能是白云岩整体岩溶化作用的结果，即通过渗透－溶蚀－分解－淋滤－崩解过程而完成。这种介质也是一种相对均匀的含水介质，储运水的能力介于前述二者之间。

综上所述，这三种含水介质皆属相对均匀类型，其中第一种类似相对均匀的孔隙介质，第二种为相对均匀的岩溶裂隙含水介质，第三种为二者之间的一种过渡类型。模拟溶蚀试验结果与孔隙度、渗透率的多元相关分析表明，比溶蚀度和比溶解度与孔隙度的相关系数分别为 0.706 和 0.783，大于 $r(0.01) = 0.606$，呈正相关，甚至当取 $r(0.01) = 0.725$，比溶解度与孔隙度仍保持这种相关关系不变；比溶蚀度和比溶解度与渗透率的相关系数分别为 0.569 和 0.615，大于 $r(0.02) = 0.558$，也呈正相关。机械破坏量与孔隙度和渗透率的相关

系数分别是 0.343 和 0.398，二者间无明显的相关关系。这说明孔渗性增加有利于溶蚀作用，同时溶解作用又会使孔渗性得到加强。对比桂林地区石炭系和泥盆系的近 80 个样品（主要是灰岩样品）分析，比溶解度与孔隙度和渗透率的相关系数分别为 0.307 和 0.293，大于或近似等于 $r(0.01) = 0.294$，呈负相关关系。这说明孔渗条件不一定有利于溶解作用，亦即岩块内部溶解作用微弱，或者说溶解作用主要沿岩块间的缝洞进行；而以分异溶蚀作用或扩张溶蚀作用形成管道型的含水介质则与此相反。济南下奥陶统白云岩溶解作用可能是以均匀溶蚀方式进行的，形成的也是相对均匀的含水介质。

4.3.4 下奥陶统白云岩含水层特征

含水介质与含水层不能完全等同，前者是表明有潜在的含水能力，但岩层的含水与否，还取决于构造、水文地质条件等因素。济南下奥陶统白云岩位于一平缓的单斜构造前缘，主要分布在泉域的直接补给径流区、承压排泄区，由于长期与地下水接触，产生汇水型水文地质条件，从而由具有潜在含水性质的含水介质转化成实际的含水层。

（1）白云岩中成井率高，水量不一。泉域内白云岩成井率约 80%，在直接补给径流区，成井率为 60%，钻孔单位涌水量最大为 0.23L/（s·m），最小为 0.01L/（s·m），一般小于 0.07L/（s·m）。在承压排泄区，又分为市区、西郊和东郊三个区域，成井率分别为 100%、80% 和 75%，市区钻孔单位涌水量最大为 24.51L/（s·m），最小为 0.18L/（s·m），一般大于 3L/（s·m），但各钻孔单位涌水量之比一般小于 7，说明本区白云岩含水较均匀。

（2）地下水动态稳定。通过多年观察（1958～1972），市区各泉、钻孔的水位一致，多年平均值为 29.56m，很稳定。以 B - 53 孔为例，其含水段岩性为白云岩。$s - t$ 曲线由两段组成，曲线段不明显，可视为拐点型；$Q \cdot S - T$ 曲线属波动型，反映出水位和流量的变化基本一致。钻孔岩心揭露溶洞最大直径约 0.2m，呈蜂窝状，且节理发育，单位涌水量为 0.19L/（s·m）。地下水属裂隙 - 岩溶（溶孔、溶穴）水。

　　趵突泉流量随降雨量变化而变化,从每年雨季开始(8~10月)至次年旱季(5~6月),泉流量呈阶梯式衰减。在整个衰减期,最大和最小流量相差约 1000L/s,但比值小于3。从其他诸泉来看,如在1964年,丰水期和枯水期流量相差最大不超过 300L/s,最小仅 23L/s,比值一般小于2。

　　(3)地下水水化学特征。根据方解石和白云石饱和指数计算,在沿水流方向,方解石饱和指数在整个泉域内大于零,而白云石饱和指数可正可负(见图4-8)。随着季节的变化,方解石和白云石饱和指数都会增大或减小,但方解石饱和指数总是大于零,而白云石饱和指数可正可负,且负值对应当地雨季,即白云石只在雨季是未饱和的(见图4-9)。据广西北山经验,扩散流型水中的白云石在雨季大部分是饱和的,方解石则总是饱和的;而管道流型水中的白云石在雨季大部分是未饱和的。所以济南泉域内白云石和方解石饱和指数的这种特征可能反映该区地下水主要是一种扩散型流。

　　综上所述,下奥陶统白云岩是一套以次生白云岩为主兼原生白云岩的组合,储存于其中的含水空隙空间是在成岩作用过程中形成的,并受到岩溶作用而加强。白云岩骨架和其间的空隙构成了晶间隙-晶

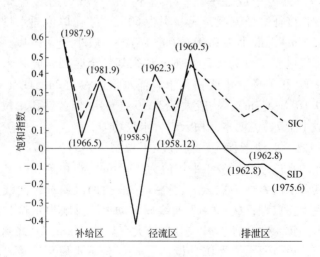

图4-8　饱和指数沿水流方向的变化

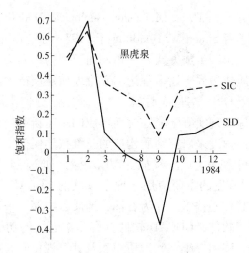

图 4 - 9　饱和指数随季节的变化

间孔或溶孔型等三种相对均匀的含水介质，且其有效孔隙度在 2% 以上，从而具有潜在的含水能力。由于处在有利的平缓单斜构造前缘部位和直接补给径流区、排泄区，水动力条件为汇水型，因而使该含水介质成为实际含水层。该含水层中，成井率约 80%，地下水动态稳定，且地下水对白云石和方解石几乎是饱和的，从而揭示出该泉域下奥陶统白云岩中地下水主要是一种扩散型流。

4.4　济南保泉三维地质模型

4.4.1　三维地质建模意义

地质实体具有非常复杂的空间几何形态及属性分布，尽管可以利用遥感、地震勘探、摄影测量等技术，但也只能获取空间分布不规则、数量有限、或缺乏解释复杂地质现象能力及精度不足的数据。海量地质信息如果仅仅局限于二维的图表或剖面，就无法使地质工程人员大脑中形成一个整体直观的地质结构，许多研究表明，建立三维可视化地质结构模型能够直观地表现地形地貌、地层岩性、地质构造、地下水的空间分布形态以及它们之间的相互关系，从而使有关人员能够准确理解和把握该区域的地质环境。

　　三维地质建模（Three Dimension Geological Modeling）的概念最早由加拿大的学者 Simon W. Houdling 于 1993 年提出。此后，又有学者相继提出了三角网生成方法、三角网面模型构建方法、三维三角网固化方法、地质体边界等诸多理论。三维地质建模技术是由勘探地质学、数学地质、GIS、遥感、计算几何、数据挖掘、图形图像处理、科学可视化、虚拟现实等学科综合而形成的一门新型交叉学科。许多学者从各种不同角度来研究地质构造的三维数学模拟方法、数学地质三维建模及可视化方法和插值方法等，如法国 NANCY 大学 J. L. Mallet 教授开发的主要应用于地学领域的 GOCAD 软件，其中离散光滑插值是其核心技术。作为石油、地质、物探、采矿等行业的标准三维地学模型软件，GOCAD 软件具有非常强大的功能，已被这些行业广泛应用。国内三维空间地质模型及其可视化研究最初滞后于国外，但自 20 世纪 90 年代以后研究水平进步较快，众多学者在不同的应用领域从不同的角度对地下体三维信息的可视化进行了许多的探索研究，如边坡工程地质信息的三维可视化系统的研究；岩体结构三维模型的研究；西北大学可视化研究所的"地质地层模型系统"的研制；中国煤田地质总局地球物理勘探研究院对煤田地质信息的三维可视化研究；大庆勘探开发研究院的地质数据可视化系统开发；三维地质建模软件的开发；鄂尔多斯盆地地质体建模等。

　　三维地质建模为地质学者提供了一个直观观察与研究地质单元的空间展布及其相互关系、对济南地区现有大量地质数据和资料进行有效保存与管理的手段。通过构建三维可视化地质模型，能够真实地反映与刻画系统实体三维地质现象，并可增强动态处理和时空分析的能力，对地质勘探与管理决策具有重要意义。

4.4.2　三维地质建模系统设计策略

　　三维地质建模及其相关技术的研究已成为当前数学地质研究中的重要课题之一，其要求是能够达到准确描述所有二维和三维勘探数据、增强解释力等目的。为此，首先应有好的三维地质建模系统的设计策略。三维地质建模系统的设计目标应该遵循健壮性、应用性、可视性、交互性以及可扩充性等原则。健壮性是指建立的数学模型及分析方法等理论技术应该具有正确性、有效性、稳定性等特点。应用性要求所采用或设计的几何模型、属性模型及相应操作方法等应该面向应用，符合自然界规律，满足人们生产工作要求，并适合于地质领域的开发和应用。提供一个可视的、交互的环境是当今各行各业研究工作必不可少的科学手段，其灵活性、易用性同样也是衡量系统优劣的标准条件。随着研究的深入和技术的不断发展，易于扩充、易于修改的系统也是模型设计的重要目标之一。John 认为一种成功的三维地质建模技术一般应具备的条件是：成熟的地质建模性能，包括几何建模和拓扑建模；丰富的三维矢量和栅格模型及其相互转换功能；具有将向量和标量属性映射到任何模型元素（如点、线、面或体）上的能力；易嵌套的定制算法；提供与其他应用系统进行数据交换的方法。目前普遍使用的软件还不能够满足这些要求。

从目前国内外关于三维地质建模的理论方法与可视化技术的研究现状来看，其主要技术路线是，首先根据对钻孔岩心数据或地震剖面解释而形成的剖面数据以及区域地质调查而获得有关的建模数据，利用各个剖面的地层和断层线，形成合理的层面；然后建立相应的网格模型；最终进行三维计算机模拟描述，实现可视化。但是，这些方法要求必须有丰富的数据作为建模的依据；而且基本上只能处理表示单值面的正断层，对于存在多值面的逆断层，则仍然缺乏有效的处理方法；另外，这些方法也没有提供对采样数据区以外地质构造进行延展性预测或外推的手段。由于地质表面和地质体的空间几何分布不规则和不连续特点以及没有足够的采样密度，至今仍然没有完善的三维地质建模软件和易于操作的解决方案，且绝大部分系统仅仅停留在计算机的三维可视化方面，对于进一步基于模型的空间分析、空间查询等操作十分有限。自由地走进虚拟世界，让人类的思维融入模型的建立、重构及分析过程中，将是今后地质建模的发展方向。

针对区域地质特征研究以及目标设计的要求，建模系统研究的关键技术是：设计耦合多源地质数据的技术方法，使所有有效数据成为地质空间模型建立的可利用的可靠信息；建立能够准确反映地质数据空间分布特征及内在关系的三维空间地质模型，作为应用研究的一个基础平台；进行数据库、图形库、知识库与三维动态模拟的系统集成，实现三维重构、空间分析等功能。

4.4.3　三维地质建模系统的体系结构

4.4.3.1　体系结构

地质科学领域中三维建模的目标就是建立一个真实描述地下并提供进一步研究应用的环境和手段，因此，三维地质建模技术的研究需要结合地质学、数学地质、地球物理、GIS、遥感、计算几何、数据挖掘、图形图像处理、科学可视化、虚拟现实等多种学科的研究成果。综合现有三维建模理论研究，同时结合济南泉域水文地质特点、资料情况及设计应用目标，系统采取多源数据耦合、多种构模方法集成、多分辨率可视化、多维空间数据分析与查询的设计策略。在充分考虑地质数据来源的多源性、复杂性及不确定性等特点的前提下，应注意到三维建模的目的不仅是用计算机来展现地质体的真实面貌，更重要的是应该面向应用，为解决地学领域许多理论和应用问题提供一个开发研究的崭新环境和科学手段。为此而提出的面向应用的三维地质建模体系结构，其总体流程分为：空间数据处理、实体建模和模型应用三个阶段。

（1）空间数据处理的主要任务是将原始的地质数据进行加工处理，并转换为实体建模所需要的数据格式，为实体建模奠定基础。

（2）实体建模主要是完成几何模型的建立，包括描述实体对象的空间几何形态以及实体对象间的相互关系，使模型应用成为可能。

（3）模型应用主要指对已建立模型的应用，包括属性建模、空间分析及在已有实体模型基础上构建其他模型等，是为用户应用服务的平台。

建立精确、有效的三维模型是所有研究和开发人员的共识，人们非常关注测定数据来源是否可靠、空间几何形态的描述是否准确等问题，因此信息的反馈和误差检测与分析机制的设立是保证减少数据误差、提高模型精度的有效方法。

离开计算机的三维建模是难以实现的，没有可视化及人机交互的虚拟环境，三维建模同样是不可想象的，可视、可交互操作的功能将贯穿于整个三维地质模型的建立过程中。

本文在三维地质模型的建立过程中，采用了地质数据耦合、实体模型耦合及构建模式耦合技术，使得不同的地质数据可以有效地融合在一起；允许对不同地质对象的表达方法进行集成，并可以依据不同的地质数据、实体模型和应用目的，来设计相应的建模策略。

4.4.3.2 功能模块

由于地质数据的多源性、空间形态的复杂性及应用目的的多样性，一个三维地质建模系统必须坚持多道处理模式的原则，采用耦合技术使来源不同的数据融合起来成为建模的数据基础，并使数据模型能灵活地为不同的应用服务。另外，系统设计通常还应坚持简单、方便的实用性原则、友好的图形用户界面原则、可移植性原则以及易于扩展性原则等。基于以上原则设计了济南泉域地下水系统泉群出露区三维地质建模系统软件（JMS – JiNan 3D Modeling System）的系统功能结构，主要由空间数据处理、三维实体建模、可视化设计、空间数据分析、专业模型接口等五个子模块组成。

4.4.3.3 可视化设计

可视化设计主要实现图形变换、图像处理、光照模型、交互式体系结构设计、空间对象编辑工具、三维模型重构反馈机制、自适应多分辨率模型、纹理映射、虚拟漫游、三维空间信息立体透视显示、动态模拟等。系统采用了 OpenGL Graphics Library 所提供的强有力的图形函数，赋予人们一种仿真的、三维的并且具有实时交互的能力，可以在三维虚拟世界中用以前不可想象的手段来获取信息或发挥自己创造性的思维。

三维地质模型可视化的表现形式有全景观式、多细节式、立体透视式、动态模拟式、虚拟漫游式、投影等值线式、数据挖掘式等。实际上三维地质模型可视化的表现形式也反映了三维地质数据可视化设计的目标。可视化不仅可以显示三维地质数据的结果，而且可以作为一种在不同模拟阶段检测地质解释是否准确、一致的有效手段。虚拟三维建模可视化设计流程如图 4 – 10 所示。

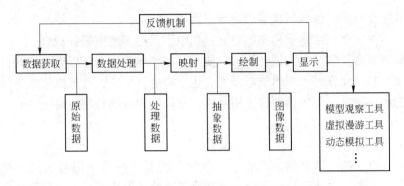

图 4 - 10 虚拟三维建模可视化设计流程

4.4.4 三维地质建模与可视化

结合济南泉域泉群出露区地质数据可利用程度，三维地质建模范围为：东至文化桥断裂，西至纬二路，南至千佛山，北至明湖北路。区内的有效地质数据主要包括钻孔数据、1:20000 济南地质图、1:50000 地形图、水文地质剖面图以及相关资料信息。

4.4.4.1 多源数据耦合

搜集研究区内已有钻孔数据、物探信息、地质图、地质构造图以及相关地质资料，并通过数字化仪、扫描仪，将原始数据数字化，采用 Oracle 数据库工具管理、维护、处理信息，使用 MapGis 或 ARC-GIS9.0 软件生成一系列图层文件。

（1）钻孔数据。钻孔数据采用数据库管理系统建立和维护，主要包括属性数据库和几何数据库两类。属性数据库主要描述钻孔的属性特征，如钻孔位置、钻孔性质、钻孔用途等信息；几何数据库主要描述空间几何信息，如记录钻孔的三维坐标、各层深度或厚度等信息。

数据库建好之后，利用系统提供的数据库转换接口工具将钻孔数据输入到三维地质建模系统中，生成所有钻孔地质结构的一维柱状图，并赋予每个钻孔数据所表达的岩性特征和基本结构，将建立的一维垂向钻孔模型保存。生成钻孔模型的平面及空间分布如图 4 - 11（a）、（b）所示。

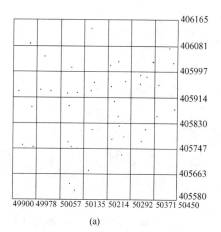

(a)

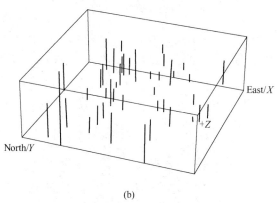

(b)

图 4-11 钻孔模型

(a) 平面图；(b) 立体图

（2）地质边界。将地质图矢量化，通过大型 MapGis 或 ARC-GIS9. 0 2D GIS 软件提取研究区域的地质边界，生成相应的 .dbf 文件、.shp 文件、.shx 文件、.sbn 文件以及 .sbx 文件。然后，利用本系统设计的 2D GIS 数据转换接口工具，将地质边界的矢量数据导入到三维地质建模系统中。如图 4-12 (a)、(b) 所示分别是使用转换工具导入到三维空间的隐伏地质边界和裸露地质边界。

（3）DEM 数据。DEM 数据可以是点类或线类对象（见图 4-13），可采用两种方式获得：第一，与地质边界提取的方式相同，

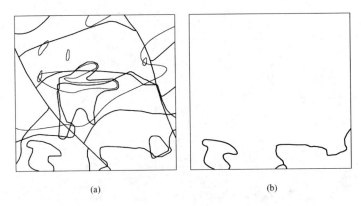

(a)   (b)

图4-12 系统导入的地质边界

（a）投影线；（b）地面线

图4-13 线类DEM数据

通过2D GIS数据转换接口工具，将DEM矢量数据导入到三维地质模型系统中。第二，通过DTM/DEM数据转换接口，将DEM栅格数据导入到三维地质建模系统中。

（4）断层数据。根据现有有效地质数据建立断层模型的方法为：根据断层的属性以及断层采样离散数据，推演断层面的空间几何形态，用数学语言来精确地描述和刻画断层面在空间展布的异常复杂的几何形态。

根据断层数据的特点，系统将断层数据划分为属性数据和空间数据。属性数据采用数据库管理系统建立和维护，主要表述断层的倾向（浮点型）、倾角（浮点型）、走向（浮点型）、断距（浮点型）等属性；空间数据主要反映断层的空间形态与展布。根据断层数据的来源不同，可用两种方法对其进行处理（见图 4 - 14 （a）、（b））：一是与地质边界提取的方式相同，通过 2D GIS 数据转换接口工具，将断层矢量数据导入到三维地质模型系统中；二是将来自钻孔、2D/3D剖面的离散断点数据作为三维建模系统的输入数据。断层数据预处理之后，基于断层数学模型，采用约束 Delaunay 三角化算法模拟断层。

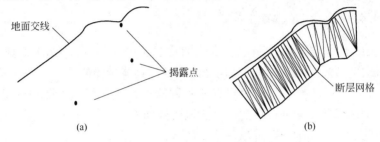

图 4 - 14 断层生成模型
（a）断层处理；（b）断层面三角化算法

由于研究区钻孔和 2D 剖面数据有限，几乎所有的断层都无法利用来自钻孔或 2D 剖面的数据控制其空间产状。基于断层数学模型的理论方法，可以在推演断层面的基础上，结合有效的断点数据，进一步插值、拟合各个断层面，从而获得合理解释的断层空间数学模型。断层模型以 . fau 文件形式保存。图 4 - 15 为断层网络模型与钻孔柱状模型的叠加显示。

（5）地层数据。地层数据结构包括层面的岩性描述、层面所包含的节点个数、所有节点的三维坐标等。层面数据主要是指来自于2D/3D 剖面以及其他系统的空间离散点数据，作为三维建模系统的输入数据，其经过数据耦合处理后，可用以建立地质体几何和拓扑模型。

（6）辅助数据。指三维地质建模时使用的辅助性数据，如纹理使用的 2D/3D 遥感图像、地名、泉群、水位、冲沟水系、大明湖等。

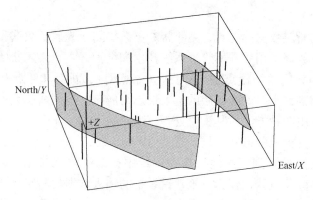

图 4-15 断层空间数据以及断层模拟

4.4.4.2 剖面 CAD 设计

在原始数据无法控制地层变化的盲区，可利用剖面 CAD 工具，补充制作二维剖面图，以提高模型的精度。具体步骤如下：

（1）数据转换。对利用现有的各种软件系统和设备产生的一系列 2.5D 及 2D 数据进行转换，保证地质剖面 CAD 工具可以安全、完整地接受 CAD、2D GIS 等软件产生的数据。

（2）剖面设计。剖面设计包括参数设置、剖面定义、剖面建立、剖面扩展、断层推演、钻孔数据关联等操作，能够在三维空间通过交互式方式实现复杂剖面模型的建立。

（3）编辑制作。编辑工具提供了在三维空间进行点、线、多边形以及面的增加、删除、修改、维护等操作，可采用三维可视化交互式手段，对空间中的点、线、面进行选择、拾取，并提供插值方法对地层线进行光滑处理。

利用剖面 CAD 制作工具，在研究区域建立了 23 条 2D 剖面，并形成 .sec 文件，作为三维空间信息系统的有效数据，以弥补原始地质数据的不足。如图 4-16 所示为其中的部分剖面。

4.4.4.3 地层层面模型建立

层序地层学是建立层状框架模型的重要依据，其基于多源数据的耦合技术，利用空间插值、细化处理、集合运算、约束 Delaunay 三

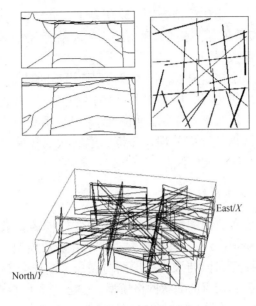

图4-16 2D剖面图

角化等技术方法，可实现层面模型的构建。图4-17中a~i分别表

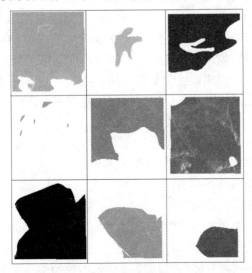

图4-17 层面模型

示裸露粉质黏土、隐伏胶结砾岩、隐伏黏土、砂砾岩、隐伏闪长岩、裸露/隐伏奥陶系灰岩、寒武系凤山组、寒武系崮山组/长山组、寒武系张夏组的层面模型。

首先定义一个初始模板，作为重构层面模型的参考格式；然后基于钻孔数据、地质边界、DEM 数据、断层数据、层面数据以及剖面数据，自顶向下依次建立每个层面模型。用 R – Tree 链表结构对层状框架模型进行数据的存储管理，并将二维层状框架模型转化为 . hor 文件以作为临时层面文件保存。

4.4.4.4　实体模型重构

根据本区地质数据的特点以及三维地质建模的要求，系统采用 Horizons – to – solids 方法，其步骤为：（1）在断层模型、层状模型的基础上，首先计算层面与层面、层面与断层、断层与断层之间的交点；（2）重构存在交点的面状网格模型；（3）基于断层、层状模型，建立点、边、面、体等几何对象之间的微观拓扑结构，以及地层、地质构造等实体对象之间的宏观拓扑结构，重构 B – rep 实体模型；（4）为了更好地应用三维地质模型，即进一步实现科学计算并提供友好的专业模块接口数据，系统基于 B – rep 模型建立 TEN/3D grid 模型；（5）三维实体模型建立之后，实现地质体的三维网格剖分，在此基础上，建立属性数据库与几何模型间的对应关系，为网格模型中的每个网块、面片、边或节点赋予各自的参数值，还可依据三维空间分布情况完成地质统计等计算，以反映属性的空间变化特征，形成三维地质体的数值模拟。

采用 Horizons – to – solids 方法建立的三维地质可视化实体模型如图 4 – 18 所示。图中 (a)、(b) 为剥离了部分地层之后的实体模型，它们描述了该区域地质体的岩性空间分布状况，并以 . vol 文件形式保存，其数据结构包括头结构、体结构和索引结构等。头结构包括各类几何对象的总数、地质实体三维包围盒空间范围、虚拟可视化的各种模型参数以及系统参数等；体结构包括点、边、约束多边形、约束曲线、面片、层面、网块及体的几何模型和拓扑模型的一系列数据；索引结构包括各种数据库之间、文件之间以及数据库与文件之间的对

(a)   (b)

图 4-18 济南泉域三维地质模型

应关系等，如属性值与几何对象之间的对应关系、可视化绘制时采用的颜色或纹理对应关系等。

4.4.5 三维模型应用

4.4.5.1 三维地质模型虚拟、动态显示

三维地质模型虚拟、动态的表现形式反映了三维地质数据可视化设计的目标。它不仅可以显示三维地质数据的结果，而且可以作为一种在不同模拟阶段检测地质解释是否准确、一致的有效手段。我们可以从不同角度、不同方位和不同距离观察三维地质模型，把握整体的宏观趋势（见图 4-19）。模型允许多层次、多细节地揭示地质界面、构造界面以及断层块等地质现象，通过对三维地质模型的剥离、选择、提取等操作，可表现三维模型的局部特征。立体透视式技术使三

图 4-19 含水层与钻孔数据叠加后的立体透视式显示

维模型中的不同对象具有不同的透视力，可更好地表现地质对象之间的关系；虚拟漫游能使人们与虚拟对象进行交互作用，可以发挥人的主观能动性，更合理地设计、解释和利用地质模型（见图 4 - 20）。

图 4 - 20 虚拟漫游

4.4.5.2 空间信息分析

三维地质模型可研究地质体的空间基本几何形态及其展布情况、侧向连通状况、倾斜程度、密度分布、厚度变化等地质特征。从不同的方位、不同的角度切割三维模型以产生立体剖面，或者用有限个任意方位的水平或垂直截面裁剪三维模型以形成栅状图等，都可以使研究者很容易地观察地质模型内部的地质构造形态及其内部结构，并进行各种测量、计算、统计分析等（见图 4 - 21）。

剖面计算和等值线分析是空间分析的主要方法。三维地质模型建立之后，可以实现地层等值线计算及其填充分析，可以刻画实体空间几何形态的分布特征，同时也有益于对模型的检测与评价。图 4 - 22分别为奥陶系灰岩、寒武系凤山组、黏土层的厚度等值线分析结果。

4.4.5.3 空间信息查询

三维虚拟场景中任意选择一个钻孔数据、断层、地层等三维对象，均可显示属性数据结构（见图 4 - 23）。通过拾取虚拟环境中的几何模型，可查询对应数据库中的数据，并以表格、数字或统计图等方式加以显示，实现了图文结合的查询功能，也使信息资源得到更好地利用。

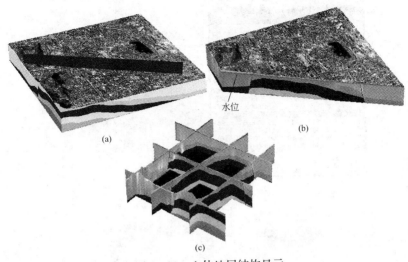

图 4 - 21　立体地层结构显示

(a) 选择剖面；(b) 剖面切割；(c) 立体结构

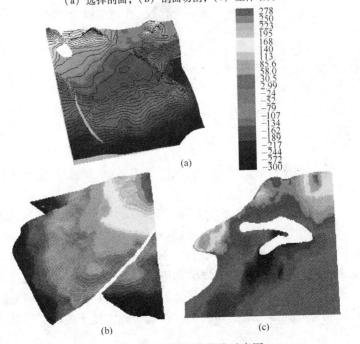

图 4 - 22　单层厚度等值线示意图

(a) 奥陶系灰岩；(b) 凤山组灰岩；(c) 棕色黏土

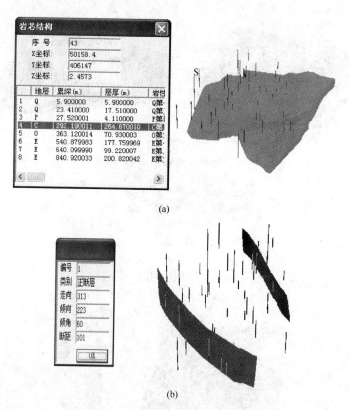

图 4-23 虚拟环境中交互式查询

(a) 钻孔查询；(b) 断层查询

另外，如泉群、二维等水位线图等均可在三维地质模型中直观反映。

开发设计和应用的济南泉域三维地质建模系统软件（JMS）系统，其功能结构包括空间数据处理、三维实体建模、可视化设计、空间数据分析、专业模型接口等五个子模块。济南泉域三维地质模型的建立，改进了对地质数据的理解和应用环境；增强了地质数据的表现力；提高了信息的利用率和空间分析能力；特别是虚拟环境漫游技术的开发和各种数据三维空间的实时查询功能，显著提高了信息处理效率。

实践运用证明，三维地质模型具有强大的观察、解释、分析及模拟能力，能够反映地质对象之间内在的相互关系；通过对不同时间、不同信息来源的数据进行集成，为用户提供了统一的三维空间存储、显示、分析通道；实现了对三维地质模型的查询、量测和空间分析等功能，为开展水文地质条件分析、建立水文地质条件概念模型和地下水流三维数值模型提供了基础地质依据。

根据钻孔资料对结构模型进行检验的结果表明，误差高值点多位于断层和火成岩附近，分析认为其产生主要是由断层产状的多变性和火成岩侵入的不规则性造成的。

5 地下水流动系统分析

针对泉水断流等一系列严重的环境地质问题，研究水循环条件、地下水的平面与垂向流场，是保泉供水和城市工程建设的重要依据。因此必须搞清区域"三水"转化关系、地下水的动态特征及其流场的演化。

5.1 "三水"转化

众所周知，大气降水、地表水与地下水之间有着密切的联系，三者可以相互转化，而研究三者之间的关系对探讨济南地区水环境演化有重要意义。济南泉域"三水"转化的基本特征是：大气降水在直接补给区转化为地下水，在间接补给区转化为地表水，地表水进入直接补给区后，经大量渗漏转化为岩溶地下水，地下水向北运动受阻，转化为地表水（泉水）或补给第四系孔隙水。

5.1.1 大气降水转化为地下水

直接补给区内大气降水直接转化为岩溶地下水，是泉水的主要补给来源，可分为三种类型：一是在裸露灰岩区直接入渗；二是山间沟谷及山前地带的松散层本身不含水，但大气降水可通过其间接补给岩溶地下水；三是在西郊第四系较厚处对孔隙水进行补给。大气降水的补给作用与地形、地貌、岩性、含水层水位埋深等因素密切相关。

（1）直接补给区的南部山区，大部分地段灰岩裸露，如兴隆山、龙洞、佛峪、月牙山等地段的寒武-奥陶系灰岩裸露区，地形坡度大，属低山丘陵区或残丘区。大气降水落至地面后，受地形的影响，部分转化为表流，部分入渗地下补给地下水。一般在地表岩溶相对发育地段，大气降水入渗后，顺层补给，沿岩溶通道向下运动，最终到达含水层。补给地下水的强度与地下水的水位埋深、地形、地表岩溶等密切相关。含水层水位埋深小时，沿途损失小，到达时间短；地下水位埋深大时，在运移中的损失则相对较多。另外，降雨强度的大小也是影响大气降水补给地下水的重要因素之一，特别是在地形坡度较大的山区，降雨强度越大，入渗补给地下水的量相对就越小。裸露灰岩区入渗量不仅与地形、降雨强度等有关，还与地表植被关系密切，密林区入渗量大，地表径流小，疏林区入渗量小，表流大。

（2）在山间沟谷及山前地带，第四系松散层本身不含水，但沉积层厚度小，颗粒大，其下为灰岩，如玉符河、北沙河冲积扇上游、兴隆庄—十六里河、石河—孟家等典型地段。在这一地带大气降水入渗的性能较好，上覆松散层和植被能使降水迅速入渗补给岩溶地下水。研究区内中部山间冲沟、河谷大部分均属此类情况。

山前沟谷地带地势较平坦或坡度较缓，能够汇集山区的表流，松散层的粗大颗粒可使降水在补给包气带后能够迅速的入渗给灰岩地下水。

山前地段坡度较缓，有较薄的松散覆盖层，在降雨强度较小的情况下，更有利于补给。一般降水后首先补给松散层，在其饱和后继续向下渗流进而补给岩溶地下水。此类地区人类活动相对强烈，植被较发育，沟谷两侧有梯田，起到涵养水源作用，这对于地下水补给极为有利。但是人类的活动如山石开采，毁林造田等，也加剧了水土流失，使河流冲沟淤积，又在一定程度上影响了地表水入渗强度。

地下水径流区的水位埋深大时，会影响降水的转化速度及渗入量；松散层的厚度对降水的转化也有一定的影响，如松散层厚度大时，地表水转化速度减慢；另外，降水小于10mm时，对地下水补给作用也较小。

（3）西郊第四系覆盖厚度较大，大部分降水直接补给第四系孔隙水。本区地势平坦，水位埋深相对较小，有利于接受降水的补给。一般在每年的3~6月份，南部山区地下水位降速较快，而7~9月份受降水影响，水位则上升迅速。如兴隆庄（见图5-1）雨季前1~5月份的水位由116.226m下降至95.608m，降幅为20.618m，平均日降幅为13.7cm；雨季期的7~9月份水位由104.61m上升至115.604m，上升值10.843m，平均日升幅为12cm，且在降雨后的几天内水位上升最快，如6月30日至7月10日间，降雨后水位由91.337m上升到104.757m，平均日升幅0.89m。从降雨后的水位动

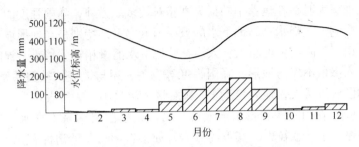

图 5 - 1 地下水位动态与降水量关系曲线图

态来看，6 月份降雨 95.2mm 后，地下水位开始明显抬升，且速度快，滞后时间短；7~8 月份降雨后，地下水水位则在 9 月初达到最高值，反映出补给区地下水陡升、陡降的动态特征。

5.1.2 地下水转化为地表水

大气降水转化为地下水后，在地下径流过程中，会受到地层阻挡、构造作用和地形的影响等，并在适宜的条件下溢出，形成表流，完成向地表水的转化。这一转化主要位于泉域的间接补给区、岩溶水的排泄区和玉符河下游。

5.1.2.1 间接补给区地下水溢出形成表流

在泉域间接补给区，水文地质条件适宜时地下水溢出形成表流，其中最主要的是寒武系中下统岩溶裂隙水与变质岩风化裂隙水的溢出。

(1) 泉域南部变质岩分布区，如张夏镇以南，锦银川出泉沟以南，玉带河柳埠镇东南和锦绣川西营镇东等地的变质岩区，大气降水后，变质岩风化裂隙形成裂隙潜水，潜水随地形变化向低洼地带径流。由于寒武系页岩阻挡、沟谷切割，使得沟谷河流上游风化裂潜水溢出形成表流，沿玉带河、锦银川进入卧虎山水库，西营以东变质岩裂隙水进入锦绣川水库。如岱密庵村处断面 8 月 6 日实测流量 3000m³/d，小刘家峪处断面实测流量 4000m³/d。2002 年是济南地区历史枯水年份，9 月 8 日实测该流域断面流量下降达 400m³/d。

(2) 寒武系馒头组灰岩和张夏组灰岩由于沟谷切割和页岩阻挡，

使得地下水溢出转化为地表水，表现为就地补给，短途排泄，致使间接补给区内出现诸多下降泉。如涌泉 2002 年 3 月 26 日实测流量 $12m^3/d$，其成因是张夏组岩溶地下水溢出地表。又如柳埠至突泉段，河段南侧分布张夏组灰岩，由于断层错动，突泉以西—大门牙一带变质岩抬升，张夏组地下水由此溢出（见图 5 - 2）。根据 2002 年 8 月 2 日测流，柳埠南河流量 $400m^3/d$，突泉村西处断面流量 $5000m^3/d$。2002 年 3 月 26 日突泉段流量则为 $2000m^3/d$ 左右。

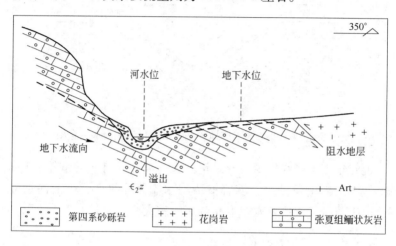

图 5 - 2 突泉地段地下水溢出示意图

涝坡村北侧山顶地层为寒武系崮山组至下奥陶地层，村南为大面积寒武系张夏组地层，地下水沿地形向北运动，在地势相对低洼处溢出地表排泄。据调查，在 2002 年 5 月 11 日前河道内无水，5 月 11 ~ 14 日降水后，河道内产生表流，但 5 月 26 日村南沟谷已断流，而 6 月 8 日村北仍有地下水溢出，流量约 $100m^3/d$。

据有关资料表明，南部山区有大量长年不干涸的泉池，有的流量较大，如泥淤泉等，其中大水井村北泉眼在 2002 年 9 月 6 日的流量仍为 $14m^3/d$。

5.1.2.2 西郊玉符河下游地下水溢出

表流排泄主要位于丰齐—周王庄和老龙王庙一带，通过第四系孔隙水向玉符河排泄。在这一带地下水水位高于地面标高（或高于河床），地下水在由南向北的运动中，沿河道溢出（见图 5 - 3）。如 2002 年 3 月份玉符河回灌补源，3 月 11 日水库放水后，周王庄处观测断面 3 月 25 日流量比 3 月 15 日增加 1 倍。历史上老龙王庙是小清河的源头，根据 1987 年测流资料，当时此处地下水平均日溢出量为 $5.9 \times 10^4 m^3$。

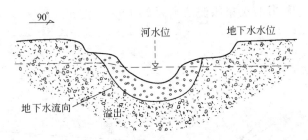

图 5 - 3 丰齐—周王庄地段孔隙水转化为地表水示意图

近几年由于降水偏少，开采量增大，丰齐—周王庄和老龙王庙一带的地下水溢出量减少，随着玉清湖水库修建投产，小清河恢复径流，但表流量受水库蓄水量变化的影响较大。

5.1.2.3 地下水转化为泉水

在 20 世纪 60 ~ 70 年代以前，济南地区岩溶地下水的主要排泄方式为泉水排泄，其中，最主要的泉水是市区四大泉群及西郊的腊山泉、峨嵋山泉等。

在 20 世纪 60 年代中期以前，地下水开采量较小，市区泉群的排泄量较大。1965 年后，地下水开采量逐年增加，由 1965 年的 $9.61 \times 10^4 m^3/d$ 增加到 $28 \times 10^4 m^3/d$，泉流量由 1964 年的 $47 \times 10^4 m^3/d$ 降到 1973 年的 $16 \times 10^4 m^3/d$，地下水水位也由 31.85m 降至 28.1m；至 80 年代，泉流量进一步减少，且每到枯水期，泉水就出现断流，如 1986 年四大泉群全部断流。但从 1987 年 6 月上旬起市区水位开始陆续上升，至 8 月 20 日降雨前地下水水位为 26.366m，8 月 26 日降暴雨，8 月 27 日泉水出流。

5.1.3 地表水向地下水的转化

区内地表水向地下水的转化，主要由间接补给区地表水汇至直接补给区后通过河道渗漏、直接补给区塘坝沟谷回渗等实现。

（1）河道渗漏。河水大量渗漏补给地下水的河流主要是玉符河和北沙河。北沙河在崮山拦河坝以下补给地下水，据1996年北沙河测流资料，丰水期北沙河崮山镇西断面与魏庄断面间的水量差从（10～59）×10^4m^3/d不等，即两断面间河道每日渗漏补给地下水的水量较大。两断面间河道底部的地层岩性为$\in_2z$与$\in_3f$，岩溶发育；魏庄以北段河床底部则是奥陶系地层，且由此以北第四系厚度逐渐增大，即魏庄以北的北沙河段主要补给奥陶系岩溶水与第四系孔隙水。

玉符河在卧虎山水库至丰齐段补给地下水，崔马至宅科间河床底部地层岩性以$\in_2z$为主，河水位较高，在河道有水的情况下向$\in_2z$含水层渗漏，段内渗漏最为严重的是寨而头至宅科段。据2002年3月卧虎山水库放水试验数据，渴马至卧虎山水库段，3月16日河道渗漏量为$10.923×10^4m^3$／（d·km）（见图5-4）。同期崔马村观测孔地下水水位在3月16～26日，日平均升幅为1.263m。由此可见，地表水向地下水的转化速度快，补给强度大，二者间水力联系密切。

崔马—丰齐段，河床底部为$\in_3f～O_1$地层，第四系覆盖厚度由

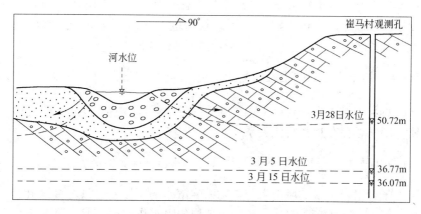

图5-4 崔马村附近地表水转化为岩溶水示意图

南向北逐渐增厚，河道内有水时，由于地表水水位高于地下水水位，河道内地表水会渗漏补给岩溶水与第四系孔隙水。据卧虎山水库放水实测资料，该段河道渗漏量为 $2 \times 10^4 \mathrm{m}^3/$（d·km）左右。由于人为原因，如河道挖沙、重型车辆和机械压实作用，河道渗漏性能在逐渐变差。

（2）南部山区的众多沟谷内，小流域内的地表水汇集形成表流，沿沟谷向北运动，渗漏进入直接补给区（$\in_3 f \sim O$）和张夏含水层。

沿沟谷进入直接补给区的表流，在地表岩溶发育或薄层第四系覆盖区向地下渗漏成为地下水的补给方式之一，如孟家河段、浆水泉沟谷、兴济河和腊山上游河段以及锦绣川水库西营段均存在地表水转化为地下水的天然条件。

（3）水库水、污水、农灌水向地下水的转化。泉域内水库众多，如卧虎山水库、锦绣川水库、兴隆水库、孟家水库、泉泸水库、浆水泉水库等。水库蓄水后，丰水期向河道放水，进而转化为地下水。直接补给区水库如兴隆水库、孟家水库，也可通过库区渗漏直接补给岩溶水。枯水期水库提水灌溉，农田灌溉回归水转化为地下水，成为地下水的补给方式之一。在农灌季节，开采地下水浇灌农作物，部分用水渗入地下又重新转化为地下水；直接补给区内排放的工业废水，部分转化为地下水，如西郊黄 29 孔（灰岩含水层），1960 年矿化度为 0.32g/L，而据 1999~2002 年水质分析资料，该孔矿化度已为 1.6~1.8g/L，首要污染物为 SO_4^{2-}，其原因是由于该区内腊山河是众多企业排污通道，污水进入河道后渗漏补给地下水而使地下水的水质变差，这种转化对地下水环境的影响是极其不利的。

5.1.4 地下水之间的相互转化

张夏组岩溶水、$\in_3 f \sim O$ 岩溶水和第四系孔隙水间的水力联系较密切，三者存在相互转化关系。

5.1.4.1 $\in_2 z$ 岩溶水通过构造进入 $\in_3 f \sim O$ 含水层

张夏组岩溶水是凤山组与奥陶系岩溶水的间接补给源之一，由于 $\in_2 z$ 与 $\in_3 f \sim O$ 之间的 $\in_3 g$、$\in_3 c$ 地层的阻水作用，二者之间不存在直接的水力联系。即张夏灰岩内的岩溶水不能直接补给 $\in_3 f \sim O$ 含水岩组，而是通过构造的导水作用间接补给 $\in_3 f \sim O$ 灰岩含水层。如在蛮子庄一带，由于邵而断裂的导水作用，张夏灰岩通过邵而断裂补给 $\in_3 f \sim O$ 含水层。崔马庄示踪试验成果资料表明，沿邵而断裂 $\in_2 z$ 岩溶水对七贤镇、机床一厂一带和市区的四大泉群的地下水的补给作用不容忽视，并且示踪剂投放后，在峨嵋山、腊山、大杨庄、解放桥水厂等地也捕捉到一定峰值浓度的示踪剂，充分证明了 $\in_2 z$ 岩溶水对 $\in_3 f \sim O$ 含水层有补给作用。

另外，据山东师范大学示踪试验，位于间接补给区涝坡、白土岗地段的张夏组岩溶地下水均能对市区泉水进行有效补给。

5.1.4.2 西郊孔隙水与岩溶水间的相互转化

玉符河冲洪积扇南部，在西郊潘村、殷家林一带，多年来地下水动态表明（见表 5-1），历年来孔隙水水位皆高于岩溶水水位，即孔隙水一直补给岩溶水。如 2001 年枯水期，潘村北岩溶水（KD_4 孔）水位低于孔隙水（KD_4' 孔）0.102m；丰水期观测资料表明，KD_4 号孔水位仍然低于 KD_4' 号孔 0.072m，殷家林一带岩溶水与孔隙水也存在类似情况。又如西郊红卫村，2001 年枯水期岩溶水水位标高为 26.904m，孔隙水为 28.566m，孔隙水水位高于岩溶水水位 1.662m。

表 5-1 殷家林西地下水水位对比表

年 代	水位标高/m（枯水期）			水位标高/m（丰水期）		
	孔隙水	岩溶水	差值	孔隙水	岩溶水	差值
1999	28.687	28.633	0.054	28.347	28.293	0.054
2000	26.603	26.603	0	26.467	26.443	0.024
2001	25.967	25.853	0.114	29.687	29.653	0.034

在西郊玉符河、北沙河的山前冲洪积平原区，第四系含水层在局部地区直接与奥陶系灰岩接触；周王庄以西、石马村以北、双庙周围等地区第四系含水层直接覆盖在奥陶系灰岩之上，彼此产生水力联系。由于岩溶水承压，其水位在北汝、石马、杜庄一线以北皆高于第四系含水层水位（见表 5-2），产生顶托补给。石马抽水试验时，岩

溶水与孔隙水同步下降，但孔隙水降幅小，充分说明两者有密切的水力联系。东郊白泉附近第四系厚度 70m，下为奥陶系灰岩，该处第四系虽无良好含水层，但黏土裂隙发育。20 世纪 50 年代末，施工钻孔至孔深 60 余米但尚未遇到灰岩时，钻孔就自流，也充分说明岩溶水对第四系含水层有补给作用。

表 5-2 西郊孔隙水与岩溶水水位对比

类 型	老刘庄	北 汝	潘 村
孔隙水水位/m	27.42	28.926	28.778
岩溶水水位/m	29.125	28.973	28.936

综上所述，根据济南泉域地质、水文地质条件，按照地下水循环途径，可将济南泉域地下水的转化关系划分为大气降水直接转化为地下水、地下水转化为地表水、地表水转化为地下水和地下水之间相互转化四种方式。济南泉域"三水"转化模式网络框图如图 5-5 所示，从图中可以看出，济南泉水的形成极其复杂，控制岩溶水系统的水均衡方程为：

$$(Q_1 + Q_2 + Q_3 + Q_4 + Q_5 + Q_6) - (Q_7 + Q_8 + Q_9 + Q_{10}) = \mu F \Delta h$$

$$(5-1)$$

式中 Q_1—直接补给区降水入渗量；

Q_2—间接补给区地下水转化量；

Q_3—间接补给区水库灌溉回归量；

Q_4—直接补给区河水、沟谷渗漏量；

Q_5—孔隙水补给量；

Q_6—直接补给区井灌回归量；

Q_7—泉流量；

Q_8—人工开采量；

Q_9—转化为孔隙水量；

Q_{10}—径流排泄量；

F—面积；

Δh—水位变幅；

μ—储水系数或给水度。

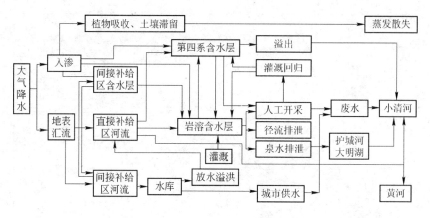

图 5-5 "三水"转化关系网络框图

从水均衡方程可以看出,对泉水位有重要作用的源、汇项主要是降水入渗、人工开采和河水渗漏。因此,研究地下水补给来源是保泉的关键问题。

5.2 岩溶水的水动力特征

5.2.1 平面流场

济南泉域岩溶水系统中岩溶水的径流方向和径流强度受地形、地貌、岩性和地质构造等因素控制。泉域岩溶水的运动方向与地形及岩层的倾斜方向大体一致,在接受前述形式的补给后总体由南向北运动(见图 5-6)。

岩溶水水力坡度在南部山区较大,为 1.5% ~ 2.5%;进入山前地带,水力坡度明显变缓,为 0.1% ~ 0.25%;沿火成岩体南缘的汇集区,由于岩溶发育,连通性极好,水力坡度更为平缓,一般小于万分之四。

千佛山断裂以东至东坞断裂之间,山区岩溶水总体流向为 NNW 向,水力坡度为 0.25%,进入山前区,水力坡度变缓,使来自南部的岩溶水分别向市区和东郊工业开采区深部径流。千佛山以西,南部山区岩溶水总体流向 NW 向,水力坡度为 0.2%,进入山前区,水力坡度同样变缓,岩溶水在向北径流过程中受北部火成岩体及石炭、二

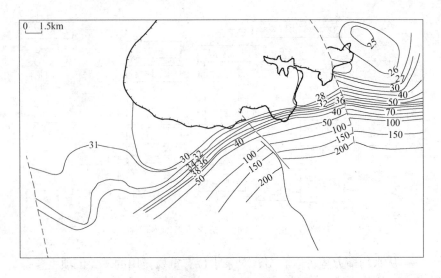

图5-6 岩溶地下水平面流场图（2004.6）

叠系阻挡，在其接触地带形成了岩溶水富集区。

岩溶水的水动力条件受岩石介质的透水性、导水性及地下水的补、径、排、蓄等条件的控制，因此岩溶水系统各功能区、水动力特征、岩溶发育状况等也各不相同，在平面上可将其划分为三个水文、水动力带：

（1）外源水带。分布于南部山区内寒武系凤山组（$\in _3f$）底板界限以南，在岩溶水系统功能上是间接补给区，主要是变质岩、寒武系下统、中统和上统的崮山、长山组地层。大气降水主要以表流形式进入直接补给区并入渗，部分在断裂构造作用下还可与直接补给区发生水力联系。

（2）入渗－径流带。处于南部山区及丘陵和山前地带的寒武系凤山组以上地层的分布区，在岩溶水系统功能上是直接补给区。大气降水主要沿着岩层中的裂隙向下渗流，到达一定的深度后，再向下游作水平方向流动并汇入岩溶水系统中。该带岩溶以垂直形态为主，如溶沟、溶隙、溶穴等。

（3）汇集－排泄带。分布于济南泉域岩溶水系统的山前平原地带，在岩溶水系统功能上是汇集排泄区，是岩溶水总汇集、排泄场所。它是岩溶水富水地带，水力联系好，蓄水空间大，动态相对稳定，具有统一的水位，形成完整、统一的水动力场和天然隐伏的岩溶地下水库；也是岩溶水的主要排泄地带，以开采排泄、泉水排泄和径流排泄为主。

5.2.2 纵剖面水动力场

从纵剖面水动力场分析，区内可分为垂直渗流补给带、水平径流带和汇集排泄带（见图5-7）。

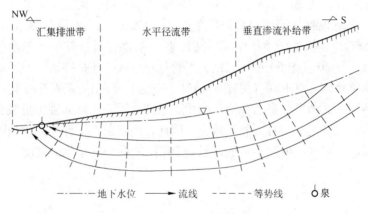

图5-7 水动力场纵剖面图

（1）垂直渗流补给带。位于南部山区的直接补给区，兼有垂直、水平两种水流方向。大气降水垂直向下补给，达到一定深度后转为以水平运动为主。岩溶含水层导水性、富水性皆不均匀，水力坡度较大，水位变幅大且存在陡降。

（2）水平径流带。位于山前至汇集区边缘带，是岩溶水补给到排泄区的中间过渡带。岩溶水以水平运动为主，其补给来源主要为侧向水平径流。岩溶水水位陡升缓降，水位变幅及水力坡度较小。岩溶含水层较厚，导水性及富水性相对较大且均匀。

（3）汇集排泄带。位于岩溶水汇集区的火成岩体南缘地带，侧向径流补给是其主要补给来源。岩溶水在此汇集、排泄，排泄方式以泉水和开采为其主要形式。天然条件下，岩溶水水力坡度极缓，含水岩层的导水性、富水性极强，且较均匀，水位变幅相对较小。岩溶水含水层巨厚，是天然地下水库。

5.2.3 水动力场的演化

5.2.3.1 区域地下水位变化

20世纪60年代初，济南市区地下水位年均值为29.72~31.86m，地下水开采量为 $(4.67 \sim 10.77) \times 10^4 \mathrm{m}^3/\mathrm{d}$，东郊工业开采区水位为31m左右，西郊水源水位为30.89~33.93m。由于人工开采量逐年增加，济南地区地下水位呈下降趋势，1990年市区最低水位降至20.8m。同时，由于河道沟谷淤积、城区扩展使直接补给区入渗能力降低，与20世纪60年代相比，不管是补给区，还是排泄区，区域地下水位总体均有下降（见图5-8）。"三水"转化关系发生变化，一些转化方式消失，泉水补给量减少、丰齐—周王庄以北溢出量减少或消失，泉域地下水总资源量减少。因此，现状条件下即使减少地下水开采量，泉水位依然不可能恢复到20世纪50~60年代的高度。

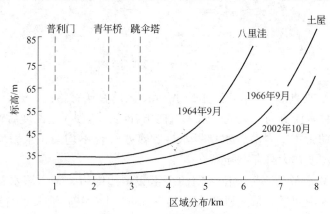

图5-8 区域地下水位变化

从宏观上看，虽然区域地下水位下降，但是，无论是高水位期（1964年以前）还是强烈开采的低水位期，区域地下水总体运动方向总体趋势变化不大，依然由南向北（见图5-9）。强烈开采期内，在汇流排泄区内，市区、东郊、西郊出现降落漏斗。

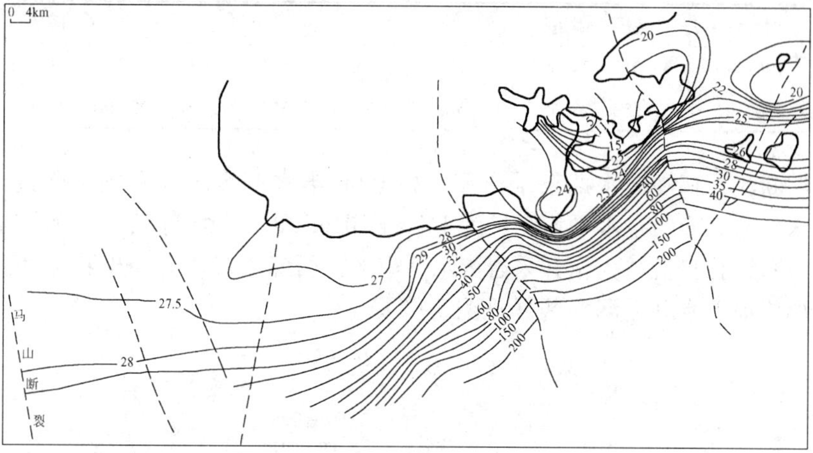

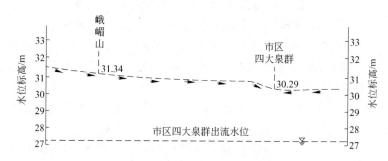

图 5-9　岩溶地下水平面流场图（2002-06）

5.2.3.2　汇集排泄区流场的变化

20 世纪 60 年代以前，济南地区地下水流场基本处于天然状态，即沿着火成岩接触带自西向东地下水位依次降低（见图 5-10）；60 年代中期以后，市区、东郊相继开采地下水，市区水位下降，泉流量衰减；80 年代西郊水源地开始开采，西郊地下水位出现下降（见表 5-3）；1980～2003 年期间西郊水源地附近平均水位为 25.24～29.96m，1982～2000 年东郊工业开采区平均水位小于 10m。大量开采岩溶水导致腊山、峨嵋山等泉水干涸，市区四大泉群也在每年枯水

图 5-10　天然状态下汇集排泄区水动力剖面图（1961）

表 5 - 3　济南水厂附近水位变化幅度值　　　　　　（m）

时　间	峨嵋山附近	西红庙西	后魏华北	市　区
1961 年	31.013 ~ 34.098	30.277 ~ 36.912	27.581 ~ 32.956	29.216 ~ 31.611
2000 年	22.253 ~ 23.553	21.545 ~ 27.935	23.555 ~ 31.707	22.281 ~ 25.182

期断流，仅在丰水期泉水出流，如 1996 丰水期市区（趵突泉附近）水位为 29m，泉水平均流量为 $14.2 \times 10^4 \mathrm{m^3/d}$，西郊谢家屯—景庄岩溶水钻孔自流，大量开采岩溶水，市区、西郊、东郊工业开采区均已形成地下水开采漏斗区（见图 5 - 11）。

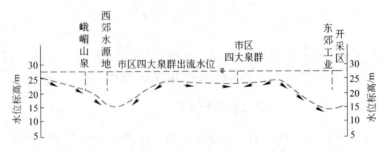

图 5 - 11　开采状态下汇集排泄区水动力剖面图（2001）

5.2.3.3　径流区流场变化

根据 1985 ~ 2006 年地下水等水位线图来看，刘长山—红庙一带岩体两侧地下水水位大致相同。从流场图看，该地段地下水水力梯度较小，市区与西郊地下水位平缓，水位等值线连续，不存在明显的分水岭。因而，市区与西郊地下水间有较密切的水力联系。

随着西郊井家沟—王官庄—七贤镇—党家庄一带开采量增加，自 2002 年枯水期以来该区出现低水位区（见图 5 - 12），局部流场发生变化，反映出西郊自备井开采袭夺泉域西南方向的径流补给，减少了南部向市区地下水的补给量。

随着二环路以内自备水井、市区水厂停采和经十东路两侧迅速发展，自 2002 年以来，东郊高新技术开发区与市区东南部窑头—浆水泉一带的开采对泉水补给量的袭夺更加明显（见图 5 - 13），除了高新技术开发区内的漏斗已存在多年外，近年来在荆山和经济学院一带

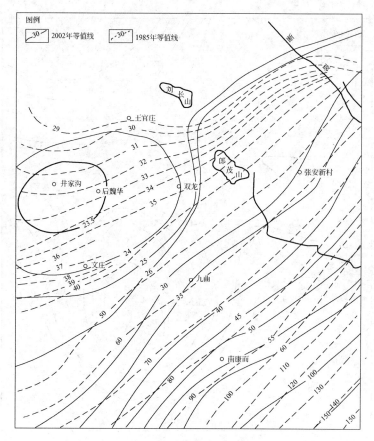

图 5 - 12　西郊自备井开采对局部流场的影响

也形成一个新的漏斗，经济学院漏斗的形成，同样袭夺泉水补给量，说明两侧有间接水力联系。

东郊浆水泉—下井家一带位于岩溶地下水的径流区，自 2000 年以来，大量供水自备井在径流区开采地下水并形成局部降落漏斗。根据水位统测资料，2002 年 6 月经济学院供水井水位在 17m 左右，市区泉群附近静水位在 26m 左右；2009 年 6 月经济学院—窑头一带水位为 23.65 ~ 27.63m，市区泉群附近静水位为 28.26 ~ 28.32m。由此可见，来自于官山阙—龙洞—车脚山—东坞一带的地下水大部分进入漏斗区，从而袭夺泉水补给量（见图 5 - 13）。

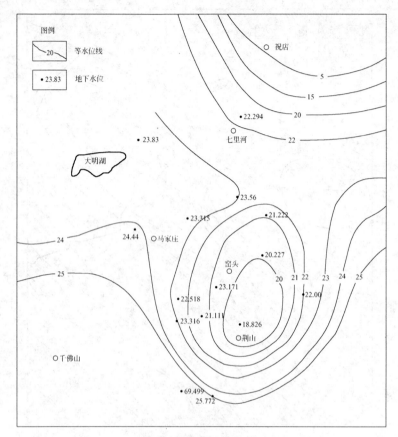

图 5 - 13 经济学院漏斗等水位线图 (2002 - 08)

5.2.4 张夏组灰岩与奥陶系灰岩的水力联系

　　济南地区南部山区广泛分布寒武系张夏组灰岩。张夏组灰岩岩溶发育，渗透性好，为了探明其在接收降水、河水渗漏补给后，能否转化为奥陶系岩溶水的补给源，山东地矿局八〇一队在西郊进行了大型连通试验，示踪剂为钼酸铵，投源孔位于崔马村中，其中 0 ~ 26m 为第四系冲洪积层，26 ~ 67.79m 为崮山组、长山组地层，67.79 ~ 201.8m 为张夏组鲕状灰岩，含水层为张夏组鲕状灰岩，水位埋深49.65m。

示踪剂投放后，在奥陶系灰岩中钻孔取样（见图 5 – 14），测得殷家林钻孔 Mo^{6+} 初峰值浓度超过背景值 906 倍，罗而庄附近超出背景值 28 倍，杜庙一带超出背景值 87.5 倍，大杨庄水厂超出背景值 351 倍，峨嵋山水厂超出背景值 16 倍，建材厂一带超出背景值 5.2 倍（见表 5 – 4）。

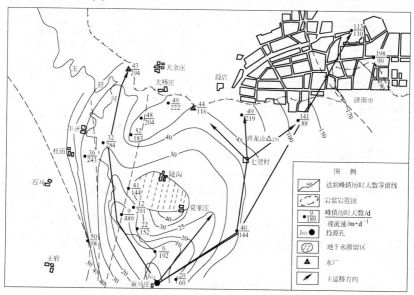

图 5 – 14　示踪剂初峰值扩散等时线图

表 5 – 4　地下水视流速计算结果表

取样孔位置	峰值质量浓度/$\mu g \cdot L^{-1}$	历时/d	流速/$m \cdot d^{-1}$	背景值/$\mu g \cdot L^{-1}$
殷家林西南	40	9	489	0.5
殷东抽水井	634	16	291	0.7
罗而庄抽水井	17	22	152	0.6
潘庄养鸡场	20	50	98	0.5
鸡耳屯	12.4	41	144	0.6
汽总	13.4	45	92	0.5
杜庙	70	36	243	0.8
红卫村	6.7	32	284	0.9

续表 5-4

取样孔位置	峰值质量浓度/μg·L⁻¹	历时/d	流速/m·d⁻¹	背景值/μg·L⁻¹
济空汽车营	11	49	222	0.8
邮电研究所	4.7	48	204	0.8
水屯火车站	7.2	52	183	1.2
大杨庄水厂	316	44	255	0.9
峨嵋山水厂	14.4	43	294	0.9
腊山水厂	25.0	44	116	0.5
机床一厂	10.3	49	219	0.4
建材一厂	2.6	141	88	0.5
解放桥水厂	1.17	198	90	0.5
崔马砖厂	13	6	192	0.5
刘家村	34	20	60	0.6
小白庄	44	40	141	0.4
白鹤庄	9.3	113	160	1.2

试验结果表明，张夏组灰岩与奥陶系灰岩存在密切水力联系，即济南泉域南部间接补给区内地下水能够对奥陶系灰岩含水层进行有效补给。

通过对西郊水文地质条件分析认为，张夏组岩溶水补给奥陶系灰岩含水层的途径主要是通过断裂构造进行水量交换：一是断层造成张夏组灰岩与奥陶系灰岩接触并产生水量交换，如来自崔马的示踪剂，在水头压力作用下，直接进入奥陶系灰岩含水层；二是由于断裂的透水性，顺层运移的示踪剂遇到断层后，通过断裂带进入奥陶系含水层（见图5-15），因此在机床一厂的钻孔初峰值浓度较高。又如殷家林

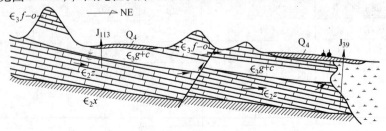

图 5-15 崔马—白鹤庄地质剖面示意图

西和罗而庄钻孔,殷家林西孔距离投源孔比罗而庄观测孔远,但殷家林西孔距离断层近,初峰值到达时间也先于罗而庄,故可推测张夏组灰岩与奥陶系灰岩含水层是以断层式相互联系的。

5.2.5 火成岩体对岩溶水流场的影响

5.2.5.1 火成岩对市区地下水影响

济南地区南部的低山丘陵区,寒武系、奥陶系灰岩出露和裂隙岩溶发育,大气降水和地表径流大量入渗,受太古界变质岩、古生界页岩的阻隔,地下水沿岩层倾斜的方向向北径流至市区。市区北部为燕山期辉长岩-闪长岩侵入体,质地细密,岩质坚硬,隔水性能好。区内独特的单斜构造是泉水形成的首要条件。在平面上,四大泉群受千佛山断裂和文化桥断裂控制,石灰岩呈舌状"嵌入",形成"地垒",火成岩覆盖于石灰岩之上。在市区,千佛山断裂西侧侵入岩厚度较大,一般都在150m以上;文化桥断裂东侧侵入岩厚度比千佛山断裂和文化桥断裂之间地区的侵入岩厚度大一些,多在50～200m之间。千佛山断裂和文化桥断裂之间的地区(见图5-16),侵入岩的侵入

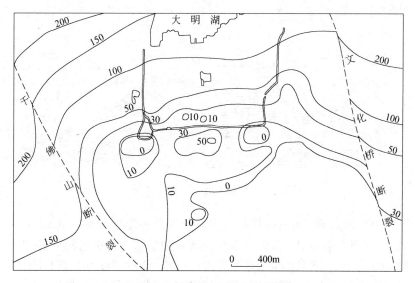

图5-16 市区火成岩厚度等值线

范围界线南起泉城公园—省电视台—山东画院，向东北至山东新闻大厦以南，而后转向东南交于文化桥断裂；而在趵突泉、黑虎泉周边地带还分布有两个椭圆形奥陶系灰岩"天窗"。由于受两条断裂切割控制，致使该地区奥陶系地层相对抬高，因此侵入岩厚度较薄，一般泉群出露区侵入岩厚度在 0 ~ 80m 之间，至泉群以北侵入岩厚度才逐渐增厚。因辉长岩相对隔水层的阻挡，地下水三面受阻并承压上升，最终在灰岩和侵入岩体的接触地带及第四系沉积层较薄弱处涌出地表，形成天然涌泉。

由于奥陶系下统至凤山组地层埋藏条件的差异，四大泉群出流条件不尽相同。四大泉群附近灰岩含水层埋深在 10 ~ 70m 之间，其中，50m 等埋深线基本从泉城路通过，70m 等埋深线基本位于五中—珍珠泉—三联—五龙潭一线，10m 等埋深线基本位于趵突泉—饮虎池东及圣凯广场一带。趵突泉和黑虎泉泉群一带闪长岩缺失，岩溶水通过灰岩"天窗"，并穿过 8 ~ 10m 的胶结砾岩孔隙而出流。珍珠泉和五龙潭泉群是岩溶水在闪长岩岩体以下，通过岩溶含水层向北径流并遇到了闪长岩裂隙发育带，虽然闪长岩厚度达到 51 ~ 80m，但在水头压力作用下，岩溶水最终穿过闪长岩裂隙和松散层孔隙出流而形成（见图 5 - 17、图 5 - 18）。

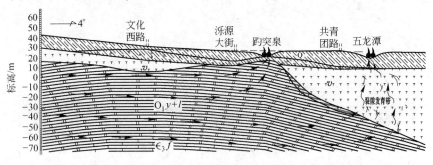

图 5 - 17 泉群附近地下水流场示意图

由于四大泉群出露条件的差异，各泉群的流量也不同（见图 5 - 19）。在四大泉群中，以黑虎泉泉群流量为最大，其次为趵突泉泉群，如 2008 年 9 月 26 日黑虎泉泉群流量达到 $17.53 \times 10^4 m^3/d$，同日趵突泉泉群流量为 $10.78 \times 10^4 m^3/d$。四大泉群中珍珠泉泉群流量最小。

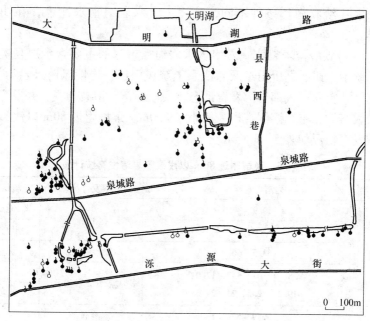

图 5 - 18　市区地下水露头（泉）分布图

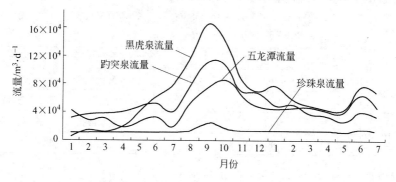

图 5 - 19　2008~2009 年各泉群流量变化曲线

5.2.5.2　市区地下水流场特征

A　含水层特征

市区泉群附近主要含水岩组为碳酸盐岩裂隙 - 岩溶含水岩组、松散岩类孔隙含水岩组和侵入岩类裂隙含水岩组，由于含水介质不同，地下水补给和循环条件不同，这三个含水岩组富水性也存在明显差异。

（1）碳酸盐岩裂隙－岩溶含水岩组。市区的主要含水层是奥陶系下统冶里组、亮甲山组及寒武系上统凤山组，岩性以白云岩为主。根据钻孔资料，浅部岩溶发育形态主要以蜂窝状溶孔为主，并发育少量较大溶洞，单个溶洞直径一般小于 2.0m。泉群附近 80m 以浅裂隙岩溶发育情况如表 5－5 所示。

表 5－5　泉群附近 80m 以浅裂隙岩溶发育统计表

位置	岩溶发育深度/m	岩溶发育状态	充填状态
泺文路 南头	30.9～33.5	溶洞	无
	37.1～37.6；62.5～63.5		黏土充填
	63.5～66.0	蜂窝状溶孔	无
体院北门	9.8～16.0；16.7～17.0； 19.2～22.5；24～24.6	裂隙/蜂窝状溶孔	无
	50.9～52.4	溶洞	无
文化西路 西口	29.9～30.0；33.3～33.4；34.6～34.7； 34.9～35；35.3～35.4；35.6～35.7； 35.9～37；43.5～45	裂隙/蜂窝状溶孔	无
圣凯门口	16.4～17.0	溶洞	黏土充填
饮虎池	15.5～15.9；16.5～17.1；27～27.5	蜂窝状溶孔	无
	24.1～25.4	溶洞	黏土充填
济南二中	56.1～57.0	蜂窝状溶孔	无
	68.2～83	溶洞	无
趵突泉 公园北门	54～54.9；58.5～59.8；61.5～64.8； 67～77.5	蜂窝状溶孔	无
县西巷	56.2～63.3；66.7～69.4；68.5～68.8	裂隙/蜂窝状溶孔	无
中豪酒店	55～63；65.5～66.2；66.5～67.3； 70.7～71.0；74.0～75.0	蜂窝状溶孔	无

根据勘探资料，本区岩溶含水岩组富水性强，一般单井涌水量大于5000m^3/d，如六十二中水文地质孔，孔深251.0m，含水层地质年代为$O_1/\in$，岩溶强烈发育，以溶蚀孔洞为主，抽水量为13309m^3/d时，水位降深仅2.13m。

（2）松散岩类孔隙水。市区泉群附近第四系地层厚度为5.1~18.1m，岩性以粉质黏土、碎石土、胶结砾岩、黏土（或黏土混碎石）为主，无良好含水层，孔隙水富水性弱，单井涌水量小于500m^3/d。

（3）侵入岩类裂隙水。根据钻孔揭露，裂隙水富水性差，大部分地区涌水量一般小于100m^3/d，如上新街钻孔下部揭露强－中风化闪长岩，裂隙轻微发育，涌水量小于10m^3/d。辉长岩风化带厚度一般在5~15m。侵入岩裂隙水的富水性强弱主要由裂隙发育程度、连通程度和补给条件决定。

B　市区地下水补给与流场特征

泉是地下水的天然露头，泉水的形成与地形、地层、地质构造和水文地质条件密切相关，从宏观上分析，泉水的形成缘于北部火成岩体的阻挡；从微观上分析，泉水的补给呈现明显的层控的特点。根据补给泉含水层的性质可将市区名泉划分为上升泉和下降泉两大类，上升泉由承压含水层补给。下降泉由潜水或上层滞水补给。虽然市区名泉众多，但是诸泉的水文地质性质各异，其中大多受岩溶水补给，部分接受裂隙水和孔隙水补给，而作为补给的岩溶水、孔隙水和裂隙水的水动力条件一般各不相同。

（1）裂隙岩溶水。虽然市区四大泉群涌水主要来源于南部山区大气降水和地表水入渗补给，但由于构造裂隙发育的方向性和岩溶发育的层控性，各泉点的水动力学特征、水化学特征均存在一定差异。地下水动态长期观测资料和1989年、1995~1996年及2009~2010年示踪试验数据均表明了岩溶含水介质的复杂性。

1）径流途径。根据示踪试验：1989年崔马示踪试验的示踪剂在白鹤庄、原建材厂等地检出；1997年8月老君井示踪试验，示踪剂首先在黑虎泉检出，第二天趵突泉才出现示踪剂；1997年12月西渴马示踪试验，趵突泉所采水样最早出现峰值，12h后五龙潭水样中出现峰值，黑虎泉、珍珠泉则未采到示踪剂峰值；1997 年 10 月白土岗井示踪试验，黑虎泉所采水样不仅峰值出现早，而且含量比其他泉高出 4 倍；说明泉水来源于南部、东南、西南多个方向，四大泉群是岩溶水的汇集排泄点，但是四大泉群径流途径不一，地下水视流速也存在差别。此外，根据 2010 年 2 月及 6 月泉水中 CFCs 测定发现，黑虎泉泉水中的 CFCs 超量程度最高，其次为趵突泉和珍珠泉，五龙潭泉水 CFCs 超量程度相对较低，这一方面说明市区四大泉群的补给途径存在差异，另一方面也说明岩溶水会受到人类活动的影响。

2) 径流深度。根据动态观测资料，即使是同一泉群内，各泉补给条件也存在差别，例如，2009 年 11 月 23 日观测，白石泉 TDS 为 0.596g/L，黑虎泉为 0.643g/L，黑虎泉的 NO_3^- 和 SO_4^{2-} 离子浓度均高于白石泉；2009 年 12 月份对白石泉和黑虎泉进行为期一个月的 Cl^- 离子含量测试，结果白石泉 Cl^- 离子含量是 43.5 ±2.3mg/L，黑虎泉是 58.9 ±2.5mg/L。位于护城河北岸的九女泉和白石泉出流标高相近，但根据 1996 年 3 月观测，九女泉比白石泉晚断流 7 天，从而反映出各泉地下水径流深度的差异。

2009 年 10 月示踪试验，投源孔位于趵突泉北门岩溶水水文地质孔，灰岩段在 54 ~ 79m，示踪剂采用 NaCl，投源量 2.5t，布置监测点 16 个，试验期间，趵突泉和五龙潭泉流量大于 $10 \times 10^4 m^3/d$，但投源 7 天后，投源孔 Cl^- 含量依然大于背景值 363 倍。

2009 年 11 月示踪试验，示踪剂采用 NaCl，投源量 10t，投源孔位于泺文路与文化西路交叉口西北角的岩溶水水文地质孔，孔深19 ~ 75.5m，上部为奥陶系马家沟组一段（$O_1 m^1$）泥灰岩，下部主要含水层发育于亮甲山组（$O_1 l$）含燧石结核白云岩中，含水层埋深 30.9 ~ 66m，其中 62.5 ~ 63.5m 为溶洞，无充填物，投源 3 天后，投源孔 Cl^- 含量大于背景值 33 倍。投源 13 天后，投源孔 Cl^- 含量大于背景值 5.1 倍，投源 21 天后，投源孔 Cl^- 含量仍大于背景值 2 倍。

从趵突泉北门和泺文路示踪试验可以看出，投源点距离泉群不足 1km，其中趵突泉北门投源孔距离东流泉不足 130m，在四大泉群流量大于 $20 \times 10^4 m^3/d$ 的条件下，投源孔浓度扩散极其缓慢，说明 100m 以浅岩溶水水平径流极其微弱，泉流量主要来源于深部径流。

3）补给来源。崔马示踪试验中示踪剂在白鹤庄检出，说明部分泉水来源于张夏组灰岩，白土岗和老君井的示踪剂在泉群检出，说明大部分泉水来源于奥陶系灰岩，即泉水主要来源于大气降水的直接入渗补给和间接入渗补给。

此外，在枯水年的枯水时期或市区岩溶水开采量增加等特定条件下，当孔隙水或者裂隙水水位高于岩溶水位时，孔隙水或裂隙水会沿着泉水的上行通道反向补给裂隙岩溶水。如在普利中心地带，有一北西向构造破碎带，在深度 16~54m 处为辉长岩，其中深度 26~56m 处的裂隙水与岩溶水沟通，高水位的裂隙水补给岩溶水。根据抽水试验资料（见图 5-20），岩溶水的 TDS 随抽水时间延续迅速降低，最终降至 615mg/L 的正常水平，这也说明裂隙水对岩溶水的补给量十分有限。

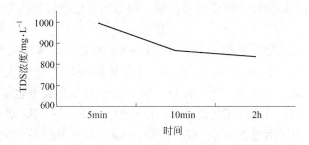

图 5-20　普利中心 Y2 孔抽水期间 TDS 随时间变化曲线

（2）第四系孔隙水。赋存于第四系松散岩类的孔隙水的主要补给来源于大气降水入渗、沟渠与供排水管网泄漏、裂隙岩溶水顶托补给等。浅层孔隙地下水的径流方向受地形控制，如经七路—泺源大街以南孔隙水流向总体由南向北，而老城区孔隙水径流方向则指向护城河、大明湖。

城区孔隙水动态稳定，如双忠泉多年平均水位变幅仅为 0.4m。由于受到人为污染，水化学类型复杂多变，在老城区及顺河高架路一带为 $SO_4 \cdot HCO_3 \cdot Cl - Ca \cdot Na$ 型；在泉城广场一带为 $HCO_3 \cdot Cl - Ca \cdot Na$ 型；在解放阁一带为 $HCO_3 \cdot Cl - Ca$ 型；在省府前街地带为 $HCO_3 \cdot SO_4 - Ca \cdot Na$ 型；在贵和购物中心一带为 $SO_4 \cdot HCO_3 \cdot Cl -$

Ca·Na 型；在山东省科技馆一带为 HCO₃·SO₄·Cl – Ca·Na 型；泉群外围则多以 HCO₃ – Ca 型水为主。孔隙水的矿化度一般在660.03 ~ 1476.98mg/L 之间，大部分地区小于 1000mg/L。孔隙水水化学成分特征值如表 5 – 6 所示。

表 5 – 6　孔隙水水化学成分特征值表　　　　　　（mg/L）

项目	阴离子质量浓度				阳离子质量浓度			全硬度	矿化度
	HCO_3^-	SO_4^{2-}	Cl^-	NO_3^-	$K^+ + Na^+$	Ca^{2+}	Mg^{2+}		
数值	179.37 ~ 599.43	77.39 ~ 450.68	40.84 ~ 177.83	3.27 ~ 99.48	25.48 ~ 188.18	60.22 ~ 185.97	15.04 ~ 38.13	260.93 ~ 614.73	660.03 ~ 1476.98

（3）裂隙水。赋存于侵入岩风化带中的风化裂隙水主要补给来源有岩溶水顶托补给、松散岩类孔隙水补给和大气降水间接入渗补给。裂隙水的径流方向受地形控制，与第四系松散岩类孔隙水的运动相似。

裂隙水水化学类型主要以 HCO₃ – Ca 型为主，其矿化度一般在 358.08mg/L ~ 1190.32mg/L 之间，仅在局部地段矿化度大于 1g/L，如省科技馆、舜井及上新街附近。由于污染水化学类型也复杂多变，如顺河高架和省府前街附近为 HCO₃·SO₄·Cl – Ca·Na 型；电报大楼、回民小区附近为 SO₄·Cl·HCO₃ – Ca·Na·Mg 型；趵突泉、上新街一带为 HCO₃·Cl – Ca·Na 型；大明湖西南门附近为 HCO₃·SO₄ – Ca 型；大明湖南门附近为 HCO₃ – Ca·Mg 型。裂隙水水化学成分特征值如表 5 – 7 所示。

表 5 – 7　裂隙水水化学成分特征值表　　　　　　（mg/L）

项目	阴离子质量浓度				阳离子质量浓度			全硬度	矿化度
	HCO_3^-	SO_4^{2-}	Cl^-	NO_3^-	$K^+ + Na^+$	Ca^{2+}	Mg^{2+}		
数值	95.36 ~ 388.26	70.56 ~ 163.88	2.11 ~ 131.03	0.10 ~ 59.53	0.75 ~ 74.67	175.34 ~ 630.99	17.19 ~ 33.30	157.00 ~ 539.55	358.08 ~ 1190.32

C　孔隙水、裂隙水与岩溶水的关系

为掌握孔隙水、裂隙水与岩溶水之间的水力联系，在市区进行了多组岩溶水、孔隙水和裂隙水分层水文地质试验。

　　根据 2009 年 12 月 5 日核心区水位统测资料分析，孔隙水与裂隙水水位标高相近，具有相似的水面形态。同一孔组的孔隙水与裂隙水水位差一般在 0.018 ~ 0.081m 之间，差值很小（见表 5 - 8）。根据试验资料，泉群附近孔隙水与裂隙水存在水力联系，如在大明湖南门附近进行孔隙水孔抽水试验时，水位降深 11.79m，距离其 6.60m 的裂隙水孔水位下降 0.17m，随后进行的裂隙水孔抽水试验，水位降深 8.31m，孔隙水孔水位下降 0.31m；又如在共青团路省审计厅门口进行裂隙水孔抽水试验时水位降深 8.15m，距离其 4.19m 的孔隙水孔水位下降 0.13m；青龙桥孔组裂隙水孔抽水试验水位变化如图 5 - 21 所示。

表 5 - 8　孔隙水与裂隙水水位对比表

位　置	孔深/m	地下水类型	水位标高/m	水位差/m
科技馆	10	孔隙水	28.143	+ 0.026
	35	裂隙水	28.117	
趵突泉公园北门	15	孔隙水	26.632	- 0.079
	40	裂隙水	26.711	
省府前街	40	孔隙水	26.968	- 0.156
	15	裂隙水	27.124	
青龙桥	30	孔隙水	27.853	- 0.237
	15	裂隙水	28.09	
老济南二中	14	孔隙水	29.598	+ 0.081
	41.6	裂隙水	29.517	
共青团路省审计厅	40.5	孔隙水	29.961	+ 0.034
	15	裂隙水	29.927	
解放桥东南角	40	孔隙水	36.018	- 0.010
	15	裂隙水	36.028	
大明湖南门	15	孔隙水	24.045	- 0.052
	41	裂隙水	24.097	
制锦市十三中学	30	孔隙水	25.782	+ 0.016
	14	裂隙水	25.766	

续表 5 - 8

位　置	孔深/m	地下水类型	水位标高/m	水位差/m
老东门市场	15	孔隙水	25.186	+0.052
	40	裂隙水	25.134	
县西巷南泉城路南	40	孔隙水	29.122	+0.018
	15	裂隙水	29.104	

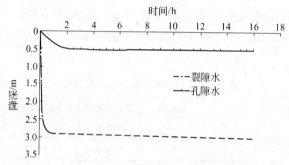

图 5 - 21 青龙桥孔组裂隙水孔抽水试验水位变化曲线

　　岩溶水水位标高与裂隙水、孔隙水存在较大差距,如县西巷孔组岩溶水比孔隙水水位低 0.361m,而位于和平路的地校孔组,岩溶水水位比裂隙水水位低 14.836m。总体规律为:在泉群出露区附近,岩溶水与孔隙水或裂隙水的水位差较小;远离泉群出露区,岩溶水与裂隙水或孔隙水水位差较大。岩溶水、孔隙水水位的高低与所处的水文地质条件相关,三者在部分地段的水位对比如表 5 - 9 所示。

表 5 - 9　岩溶水与裂隙水或孔隙水水位对比表

位　置	孔深/m	地下水类型	水位标高/m	水位差/m
文化西路西口	60	岩溶水	28.74	-0.97
	26	裂隙水	29.71	
泺文路	75.5	岩溶水	28.978	-4.353
	28	裂隙水	33.331	
饮虎池	30	岩溶水	28.664	+0.995
	11	孔隙水	27.709	

位　置	孔深/m	地下水类型	水位标高/m	水位差/m
老地校南门	85	岩溶水	30. 543	− 14. 836
	40	裂隙水	45. 379	
老济南二中	83	岩溶水	28. 741	− 0. 857
	14	孔隙水	29. 598	
趵突泉公园北门	79	岩溶水	28. 746	+ 2. 114
	15	孔隙水	26. 632	
青龙桥	82	岩溶水	28. 743	+ 0. 890
	30	裂隙水	27. 853	
县西巷	78	岩溶水	28. 743	− 0. 361
	15	孔隙水	29. 104	

通过裂隙水或孔隙水抽水试验，对岩溶水钻孔进行了水位观测，岩溶水水位没有变化。如老电报大楼孔隙水孔抽水延续 10h，水位降深 1. 84m，而距其 7. 72m 的岩溶水孔水位没有变化；本孔组裂隙水孔富水性极差，用额定流量 $4m^3/h$ 的潜水泵抽水 2min 即需吊泵。又如趵突泉公园北门孔隙水孔抽水延续 12h，水位降深 4. 895m，裂隙水观测孔距其 4. 64m，水位降深 0. 34m，说明孔隙水与裂隙水有明显水力联系，而距其 9. 80m 的岩溶水观测孔水位没有变化；本孔组的裂隙水孔富水性亦极差，用额定流量 $4m^3/h$ 的潜水泵抽水 2min 后同样需吊泵。抽水试验表明，孔隙水与裂隙水水位变化几乎同步，二者存在水力联系，而岩溶水与孔隙水、裂隙水则没有明显的水力联系。

老城区内岩溶水与孔隙水、裂隙水水质特征不同，水化学成分差别较大（见表 5 − 10）。岩溶水矿化度一般在 510 ~ 620mg/L，水化学类型一般为 HCO_3 − Ca 型，水质良好；孔隙水矿化度高，水化学类型多变；裂隙水水质变化最大，水化学类型十分复杂。这说明岩溶水与孔隙水和裂隙水具有不同的补给来源，水循环条件也各异。一般岩溶水循环深度较大，受城区表层污染影响较小；孔隙水、裂隙水的补给途径较短，径流滞缓；另外裂隙水还受裂隙发育程度及深度的控制。

表 5 – 10 岩溶水与孔隙水、裂隙水水化学成分特征值对比表

（mg/L）

位　置	地质年代	各成分质量浓度				矿化度
		Cl^-	SO_4^{2-}	HCO_3^-	NO_3^-	
文化西路西口	O	49.35	75.11	279.28	44.80	620.55
	γ_5	131.03	161.61	367.83	58.95	1009.22
老济南二中	O	51.05	68.28	277.01	41.96	610.22
	Q	148.05	172.99	435.95	34.62	1131.76
	γ_5	91.04	95.60	299.71	40.00	739.77
省科技馆	O	40.84	63.73	274.74	39.83	574.54
	Q	129.33	182.09	281.55	3.27	878.98
	γ_5	131.03	163.88	535.85	3.03	1190.32
老电报大楼	O	34.03	47.80	263.38	26.62	515.71
	Q	114.87	152.50	372.37	57.12	1013.68
	γ_5	62.96	75.11	95.36	4.13	345.57
趵突泉北门	O	37.44	43.25	263.38	26.82	517.20
	Q	146.35	170.71	588.07	93.78	1397.55
	γ_5	59.56	100.15	95.36	7.88	368.11
青龙桥	O	33.18	68.28	258.84	26.55	537.20
	Q	119.97	113.81	381.45	50.38	969.96
	γ_5	62.11	86.49	308.80	40.94	705.10
县西巷	O	34.03	63.73	245.22	25.27	510.59
	Q	130.34	450.68	317.88	45.10	1264.83
	γ_5	120.52	437.02	301.98	20.05	1162.92

5.2.5.3　东郊地下水流场

A　火成岩对含水层埋藏条件的影响

甸柳庄至东坞断裂之间地质条件极其复杂，在浆水泉—中井—奥体—北胡一带，奥陶系灰岩接受降水补给后，岩溶水的主要流向为北北西向。在地下水径流带前缘奥陶系灰岩相对连续（见图 5 – 22），

由于文化桥断层和姚家庄—七里河—轻工学院一线火成岩体侵入，从含水层的接触关系与地层年代分析，市区岩溶含水层主要为 O_1y+l，东郊高新技术开发区地下水含水层为 O_1m^1 和 O_1m^2。

姚家庄—甸柳庄—七里河—全福庄一带有南北向岩浆岩舌状侵入体（见图 5-23），岩体厚度较大，底界埋藏较深。如姚家庄北的印刷物资公司钻孔，岩体底界埋深 296m；七里河东南甸 57 号孔深 320m 未揭穿；十里河西 8-16-3 号孔深 400m 未揭穿；北部的轻工业学院 1 号孔深 291.36m 也未揭穿岩体。从姚家庄北的印刷物资公司钻孔所揭露岩体下部地层来看，由于岩浆岩侵入穿插，使得奥陶系下统灰岩总厚度变薄到只有 44.0m。从岩性分析，钻孔所揭露的灰岩岩溶裂隙不发育，抽水试验中，水位降深 45.39m，涌水量只有 111.97m³/d。位于七里河村西 J102 钻孔，孔深 400.36m，至 353.89m 处才见大理岩，岩溶裂隙不发育，经抽水试验水位下降 40.55m，涌水量 220.5m³/d。位于祝甸北钻孔深 420m 未揭穿火成岩；位于全福庄东 J110 钻孔深 502m，至 395m 处见大理岩，岩心完整，但岩溶裂隙不发育，抽水试验水位下降 63m，涌水量 11.92m³/d。以上钻探结果说明岩体下部灰岩含水层，透水性较差、富水性较弱。虽然姚家庄—七里河—牛奶厂—轻工学院一线火成岩以下仍有灰岩分布，但市区与东郊之间的水力联系还是被减弱了。

B 水位动态特征差异

1961～1962 年市区最高水位 31～33m，东郊高新技术开发区十里河以东最高水位 30.3m，白泉最高水位 30.1m，市区高于东郊。自 60 年代以来，市区相继建立普利门、解放桥、饮虎池等水厂；60 年代后期开发区陆续在黄台电厂等地段建立工业自备水源地，市区与开发区的水位逐渐发生变化。

从市区与东郊水位比较可以看出，东郊水位一直低于市区（见图 5-24）。如 1999 年 6 月开发区盛福庄水位 14.868m，市区水位 25.977m；2002 年 6 月市区水位 26.1m，开发区水位 12.788m；1987 年 8 月 26～27 日，济南市降暴雨，市区水位上升到 28m 左右，而东郊高新技术开发区的地下水水位在 23～25m 左右，两区地下水位差 3～5m。

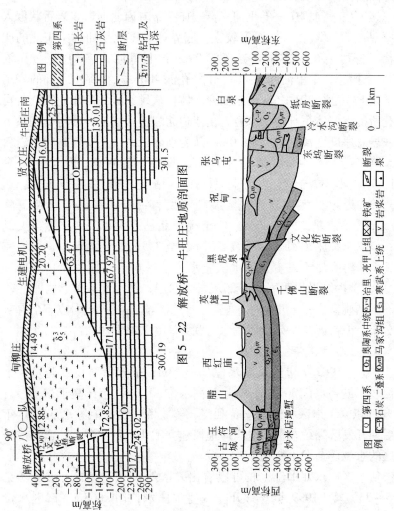

图5-22 解放桥—牛旺庄地质剖面图

图5-23 西郊—东郊排泄区地质剖面图

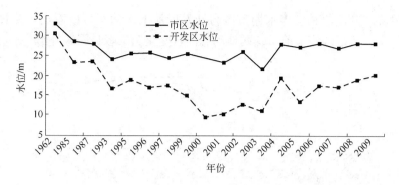

图 5 - 24　东郊与市区地下水水位对比曲线图

以 1987 年为例，该年 9 月市区水位为 27.5 ~ 27.8m，东郊高新技术开发区为 20 ~ 23m，此时市区地下水开采量为 $13 \times 10^4 m^3/d$，东郊高新技术开发区为 $12 \times 10^4 m^3/d$，东郊高新技术开发区的开采量并不大于市区的地下水开采量。如果相邻两区同在一个强径流带内且地下水水力联系通畅，那么，市区的高水位应较快地向东郊高新技术开发区的低水位流动，且随时间的推移，二者间的水位差值应逐渐减小，而实际情况却恰恰相反。

又如 2001 年 9 月 17 日，市区各水厂全部停采，对比 2001 年和 2002 年停采前后市区与开发区枯水期水位发现，2001 年 6 月 6 日市区水位高于 A3 - 4 号孔 13.054m，2002 年 6 月 6 日市区水位高于 A3 - 4 号孔 13.312m，可见市区停采与开采 $(8 ~ 10) \times 10^4 m^3$ 的情况相比，二者水位差并未减小。

以上分析说明姚家庄—甸柳庄岩体较厚，其两边地下水在抽水时受岩体影响而并未发生密切水力联系，但不能据此认为东郊高新技术开发区开采地下水对市区泉水无影响。姚家庄以南岩体两侧皆为灰岩分布区，地下水在由南向北的运动中受南北向较厚的火成岩体的分流作用，产生两侧分流，一部分补给市区地下水，一部分流向东郊高新技术开发区。受西侧岩体及东侧东坞断裂的影响，在东郊工业区地下水得不到充分补给的情况下，东西方向径流不畅，必然引起地下水降落漏斗不断向南延伸并袭夺南部的补给区地下水，使补给市区的地下水量减少，即间接袭夺市区的地下水，使市区泉水的补给减少。对比

2001～2002 年枯、丰水期市区与开发区地下水动态可以看出（见图 5-25），市区停采前后，两地动态同步变化，二者是同源补给。

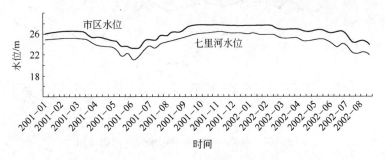

图 5-25 市区与开发区水位对比曲线图

C 平面流场

20 世纪 60 年代济南地区地下水开发利用程度相对较低，地下水动态受人为因素影响较小，特别是 1960～1964 年丰水年份的地下水动态能真实反映济南泉域岩溶水的补给条件。1972 年以前泉水常年喷涌，根据 1960～1972 年典型年份动态分析（见图 5-26），无论是地下水位稳定期（1960 年）、高水位期（1963 年），还是水位下降期（1968～1972 年），西郊峨嵋山水位均高于市区。对比市区与白泉地带在 1960 年 4 月至 11 月的平均水位（见图 5-27），可以看到丰水期和枯水期的市区水位均高于杨家屯水位，说明泉水不可能来源于高新区及白泉地带。

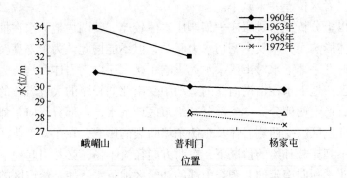

图 5-26 历史典型年份岩溶水位对比曲线图

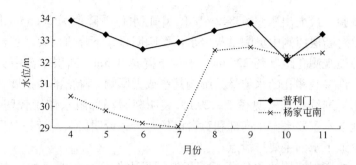

图 5 - 27　1960 年市区与白泉平均水位对比曲线图

从补给量分析，1959 年降水量 562.3mm，1960 年泉年平均流量
$31.05 \times 10^4 \, m^3/d$，市区开采量 $9.65 \times 10^4 \, m^3/d$，降水量 479.7mm，而
济南地区 1916 ~ 1960 年平均降水 617mm，即 1959 ~ 1960 年连续两年
降水低于平均降水量，但市区附近仍保持年平均 $40.7 \times 10^4 \, m^3/d$ 的排
泄量。在市区水位高于白泉的情况下，从补给区面积分析，可以认为
市区与西郊岩溶水存在水力联系。

通过分析张马屯铁矿勘探资料还表明，东郊工业区补给条件差。
张马屯深部的奥陶系下统白云质灰岩在东坞断裂两侧相互不连续
（见图 5 - 28），断层西盘奥陶系下统埋藏标高在 - 458 ~ - 619m 间，
断层东盘相对上升，白云质灰岩埋藏标高在 - 273 ~ - 440m 间，从两
侧地层结构上看，张马屯矿区向北至宿家张马一带仅存在深部径流。
1975 年 9 月 11 日至 10 月 25 日张马屯矿区 - 240m 水平巷道进行坑道

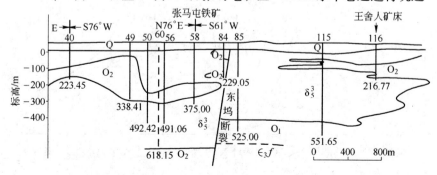

图 5 - 28　张马屯铁矿地质剖面

放水试验，最大出水量 63842m³/d，中心水位下降值为 26.53m，放水试验对断层西侧中奥陶系灰岩水位影响明显，下降值也大。黄台电厂水源地观测孔距其约 2250m，水位下降达 3.5m。断层东盘中奥陶系灰岩许多观测孔的水位受其影响甚小或无影响。降落漏斗扩展到断层后不再继续扩展（见图 5-29），表明断裂局部阻水作用较明显；矿区地下水主要来源于南部和黄台电厂一带，说明白泉一带是白泉泉域岩溶地下水的主要排泄点。

根据断裂两侧的水位分析，断裂的阻水作用是较明显的。在 20 世纪 60 年代，白泉地区及张马屯附近地下水开发利用程度较低，岩溶水开采井较少，最低水位在冷水沟一带，位于泉群附近。20 世纪 80

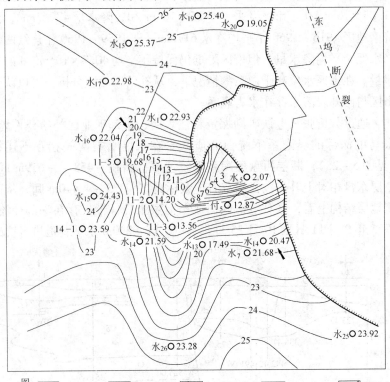

图 5-29 张马屯铁矿 4/5/6 硐室 S-3 降深开始
30min 等水位线图（引自张马屯铁矿资料）

年代初，东郊及白泉地段的开采布局基本形成。1990 年前后，在东坞断裂东侧冷水沟、杨家屯、裴家营、济钢和化肥厂等约 8km² 范围内，自来水公司和工业自备水井开采地下水约 $26 \times 10^4 m^3/d$，在断裂西侧，济南铁厂、电厂、炼油厂、二钢、化纤厂、东源水厂、华能路水厂等在其所处约 9km² 范围内开采水量约 $19 \times 10^4 m^3/d$。断裂西侧一直存在明显的下降漏斗（见图 5 - 30），说明东郊地区获得白泉地段的补给量较小。

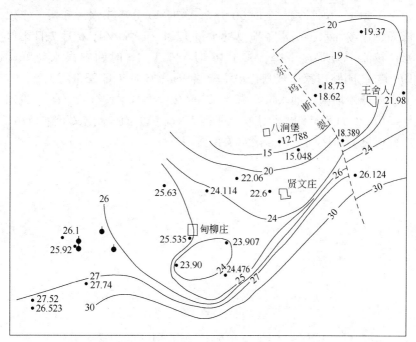

图 5 - 30　2002 年 6 月东郊地区地下水平面流场

5.2.5.4　火成岩对西郊地下水流场影响

市区火成岩向西延伸，在西郊一带火成岩主要分布在段店—大杨庄—峨嵋山—位里庄一线以北，刘长山以东至王舍人镇火成岩多呈舌状顺层侵入。西郊火成岩厚度大，火成岩与灰岩接触界面较陡，如段店 J40 孔深度 592m 揭穿闪长岩。由于火成岩阻水作用，来源于玉符河流域的地下水，在西郊火成岩接触带前缘富集，形成古城、峨嵋山、大杨庄水厂。

千佛山断裂至玉符河冲积扇之间，奥陶系灰岩地层分布连续，未见区域性大断裂和构造，岩溶含水层在空间上连续展布（见图 5 - 23），不存在隔水的地质条件。对于西郊与市区水力联系仅举一例说明，2003 年 6~7 月进行济西抽水试验，当时桥子李、冷庄和古城水源地开采量为 $19.2 \times 10^4 m^3/d$，试验前 6 月 2 日至 6 日市区水位日降幅小于 2cm；6 月 6 日 17 时 30 分至 23 时 30 分冷庄水源和桥子李水源开始陆续抽水，两水源地总抽水量 $12.4 \times 10^4 m^3/d$，6 月 7 日市区水位较前一天明显下降；6 日 16 时至 7 日 16 时趵突泉水位降幅 10cm，北园路边家庄观测孔水位降幅 9cm；6 月 7 日 23 时 30 分，古城水源开始抽水，抽水量 $6.72 \times 10^4 m^3/d$，市区水位继续下降（见图 5 - 31）；6 月 8 日趵突泉水位又下降 17cm，边家庄水位又下降 14cm。由此可见，市区与济西岩溶水关系密切。

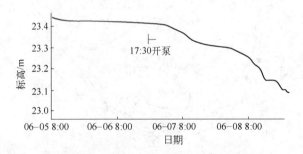

图 5 - 31 2003 年 6 月趵突泉水位历时曲线

根据济南地区多年动态观测资料表明，雨季地下水位会有回升。从 2007 年济西开采量与市区地下水对比曲线（见图 5 - 32）可以看出，2007 年 7 月 13 日和 2007 年 8 月 23 日济西增采后，市区趵突泉地下水位由持续上升转为下降，进一步证实了市区与西郊的水力联系。

由以上分析可以看出，沿着灰岩与火成岩接触带，东西方向岩溶水互相连通，处于同一水动力场中，但联系程度存在差异。

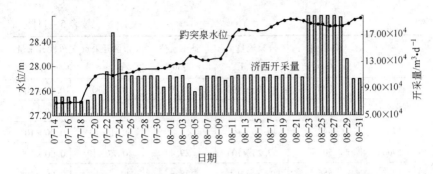

图 5 – 32 2007 年丰水期趵突泉水位与济西开采量对比关系图

5.3 地下水动态特征

前已述及，济南泉域地下水补给来源主要为大气降水，其次为地表水渗漏、灌溉回渗和侧向径流补给。由于地下水动态受自然因素和人为因素的共同影响，在时空上表现各异，因此，可以采用回归模型研究济南泉域地下水动态特征。

5.3.1 地下水动态影响因素分析

5.3.1.1 地下水位与大气降水关系

大气降水作为济南泉域最主要的地下水补给项，不仅对地下水水位变动有着重要影响，还是影响整个地下水动力场的重要因素。根据市区泉群 1959～2002 年的地下水位观测资料以及 1959～2002 年济南的降水量资料（见表 5 – 11），现采用回归分析法来说明地下水位与降水量的关系。

表 5 – 11　市区 1959～2002 年降雨、开采、地下水位及泉流量统计表

年　份	降雨量/mm	泉流量/$m^3 \cdot d^{-1}$	地下水位/m	市区开采量/$m^3 \cdot d^{-1}$	外围开采量/$m^3 \cdot d^{-1}$
1959	585	31.13×10^4	30.4	7.27×10^4	0.00×10^4
1960	480	31.88×10^4	29.7	9.65×10^4	0.00×10^4
1961	956	36.29×10^4	30.1	10.79×10^4	0.00×10^4
1962	1116	51.15×10^4	31.5	9.08×10^4	0.00×10^4

年 份	降雨量 /mm	泉流量 /m³·d⁻¹	地下水位 /m	市区开采量 /m³·d⁻¹	外围开采量 /m³·d⁻¹
1963	838	45.96×10^4	31.9	8.3×10^4	0.00×10^4
1964	1197	46.57×10^4	31.8	8×10^4	0.00×10^4
1965	444	40.26×10^4	30.7	9.61×10^4	0.00×10^4
1966	508	32.23×10^4	29.4	10.77×10^4	0.00×10^4
1967	556	28.6×10^4	28.8	12.6×10^4	0.00×10^4
1968	384	13.74×10^4	28.2	14.87×10^4	8.54×10^4
1969	712	16.24×10^4	28.3	18.73×10^4	11.36×10^4
1970	534	14.6×10^4	28.2	20.57×10^4	12.61×10^4
1971	765	17.02×10^4	28.1	23.52×10^4	14.72×10^4
1972	561	13.48×10^4	28.0	26.88×10^4	15.48×10^4
1973	751	16.76×10^4	28.2	27.97×10^4	15.77×10^4
1974	533	20.13×10^4	28.7	27.31×10^4	13.11×10^4
1975	596	15.21×10^4	28.0	27.9×10^4	17.06×10^4
1976	670	11.66×10^4	27.7	28.27×10^4	21.22×10^4
1977	614	9.42×10^4	27.3	29.8×10^4	22.32×10^4
1978	803	14.08×10^4	27.4	29.9×10^4	16.66×10^4
1979	591	10.89×10^4	27.3	30.6×10^4	21.81×10^4
1980	739	9.5×10^4	27.2	31.3×10^4	25.63×10^4
1981	412	4.75×10^4	26.7	28.6×10^4	29.52×10^4
1982	570	5.01×10^4	26.5	16.1×10^4	40.92×10^4
1983	593	5.18×10^4	27.0	11.63×10^4	46.99×10^4
1984	640.7	7.19×10^4	27.3	12×10^4	44.98×10^4
1985	581.7	9.06×10^4	27.4	13.3×10^4	44.98×10^4
1986	395.8	0.04×10^4	26.6	14.43×10^4	44.98×10^4
1987	992	2.92×10^4	26.2	12.78×10^4	44.98×10^4
1988	532.3	1.22×10^4	26.2	13.065×10^4	37.33×10^4
1989	340.3	0.05×10^4	24.1	10.04×10^4	35.48×10^4

年 份	降雨量 /mm	泉流量 /m³·d⁻¹	地下水位 /m	市区开采量 /m³·d⁻¹	外围开采量 /m³·d⁻¹
1990	1043.3	2.3×10^4	24.4	10.39×10^4	35.25×10^4
1991	680	6.5×10^4	27.1	11.02×10^4	38.90×10^4
1992	530	2.33×10^4	26.3	13.21×10^4	35.90×10^4
1993	786	1.11×10^4	25.5	13.25×10^4	37.16×10^4
1994	873	10.9×10^4	27.7	12.58×10^4	39.70×10^4
1995	599	11.42×10^4	27.7	13.63×10^4	37.60×10^4
1996	834	14.2×10^4	27.8	14.1×10^4	36.06×10^4
1997	619	3.1×10^4	26.4	17.89×10^4	37.00×10^4
1998	802	7×10^4	26.3	13.8×10^4	49.15×10^4
1999	560	1.7×10^4	26.0	14.07×10^4	37.09×10^4
2000	437.2	0×10^4	24.2	7.9×10^4	32.65×10^4
2001	599	2.05×10^4	26.0	6.2×10^4	25.14×10^4
2002	456.6	0.15×10^4	25.4	2.2×10^4	23.30×10^4

为说明不同时间段降雨量对地下水位的影响程度，将地下水动态变化过程划分为三个阶段，即 20 世纪 60 年代、70～80 年代和 90 年代及以后三个阶段。建立平均水位与当年降雨量、前一年降雨量、前两年降雨量的多元回归模型，通过分析探明在不同阶段降雨量对地下水位的影响作用。

A 1960～1969 年（第一阶段）降雨量对地下水位的影响

首先建立平均水位与当年降雨量、前一年降雨量、前两年降雨量的多元回归模型：

$$Y = \beta_0 + \beta_1 X_1 + \beta_2 X_2 + \beta_3 X_3 + \varepsilon \qquad (5-2)$$

式中 Y——年均地下水位；

    X_1，X_2，X_3——当年降雨量、前一年降雨量、前两年降雨量；

        ε——随机变量；

β_0，β_1，β_2，β_3——回归参数。

通过计算，得回归方程为：

$$Y = 25.393 + 0.002X_1 + 0.003X_2 + 0.001X_3$$

根据回归方程，计算得到地下水位与当年降雨量、前一年降雨量、前两年降雨量的偏相关系数分别为 $\rho_1 = 0.89$，$\rho_2 = 0.915$，$\rho_3 = 0.668$。复测定系数 $R^2 = 0.937$，则复相关系数 $R = \sqrt{R^2} = 0.968$。回归方程的方差分析如表 5 – 12 所示。

表5 –12　方差分析表

误差来源	平方和	自由度	均　方	F 统计量
回归	16.491	3	5.497	29.63
残差	1.113	6	0.186	
总离差	17.604	9		

在显著性为 0.05 的水平下，F 统计量为 29.63 $\geqslant F_{\alpha = 0.05}$（3，6）= 4.76，即方程的总体线性关系显著，模型有实际意义。

对自变量参数进行检验，在显著性水平 $\alpha = 0.05$ 时，查表可知 t 分布的临界值 $t_{\frac{0.05}{2}}$（6）= 2.447。

令 t_i 表示 β_i 的统计量，计算得：

$t_1 = 4.784$，则 $t_1 \geqslant t_{\frac{0.05}{2}}$（6）= 2.447，故接受假设 $\beta_1 \neq 0$，即认为当年降雨量对地下水位有显著影响。

$t_2 = 5.547$，则 $t_2 \geqslant t_{\frac{0.05}{2}}$（6）= 2.447，故接受假设 $\beta_2 \neq 0$，即认为前一年降雨量对地下水位有显著影响。

$t_3 = 2.201$，则 $t_3 \leqslant t_{\frac{0.05}{2}}$（6）= 2.447，故接受假设 $\beta_3 = 0$，即认为前两年降雨量对地下水位无显著影响。

从分析结果可见，20 世纪 60 年代，在开采量不大的情况下，当年降雨量与前一年降雨量对地下水位都有显著影响，但前两年降雨量对地下水位没有显著影响（见图 5 –33）。

B　1970 ~ 1989 年（第二阶段）降雨量对地下水位的影响

从 20 世纪 70 年代开始，地下水的开采量逐年增加，直到 80 年代末开采量才有所减少。据此建立平均水位与当年降雨量、前一年降雨量的多元回归模型：

$$Y = \beta_0 + \beta_1 X_1 + \beta_2 X_2 + \varepsilon$$

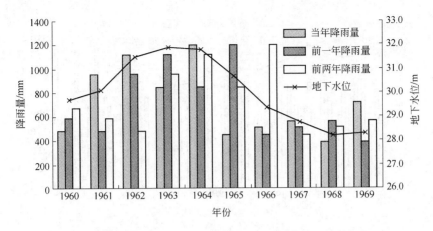

图 5 - 33　1960 ~ 1969 年市区地下水位与降雨量关系图

计算得回归方程为：
$$Y = 23.797 + 0.003X_1 + 0.003X_2$$

根据回归方程，计算得地下水位与当年降雨量、前一年降雨量的偏相关系数分别为 $\rho_1 = 0.414$，$\rho_2 = 0.332$。复测定系数 $R^2 = 0.196$，则复相关系数 $R = \sqrt{R^2} = 0.442$。回归方程的方差分析如表 5 - 13 所示。

表 5 - 13　方差分析表

误差来源	平方和	自由度	均　　方	F 统计量
回归	3.804	2	1.902	2.067
残差	15.646	17	0.92	
总离差	19.449	19		

在显著性为 0.05 的水平下，F 统计量为 $2.067 \leqslant F_{\alpha = 0.005}$（2，17）$= 3.59$，即方程的总体线性关系不显著。

1970 ~ 1989 年市区地下水位与降雨量关系如图 5 - 34 所示。导致方程线性拟合不显著的原因是没有把影响地下水位的主要因素列入方程之中。分析认为，20 世纪 70 ~ 80 年代对地下水位的大量开采是影响地下水位的主要因素，而在这一时期降雨量已不再是影响地下水位的主要因素。

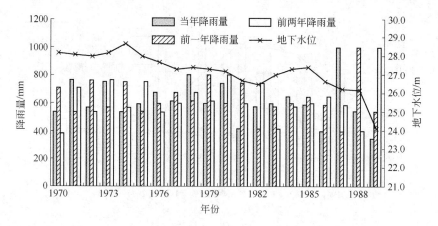

图 5 – 34 1970 ~ 1989 年市区地下水位与降雨量关系图

C 1990 ~ 2002 年降雨量对地下水位的影响

从 20 世纪 90 年代开始，政府及其他相关部门对地下水位的开采有了限制。假定平均水位与当年降雨量、前一年降雨量、前两年降雨量的多元回归模型同式（5 – 2），计算得回归方程为：

$$Y = 20.132 + 0.003X_1 + 0.005X_2 + 0.002X_3$$

根据回归方程，地下水位与当年降雨量、前一年降雨量、前两年降雨量的偏相关系数分别为 $\rho_1 = 0.507$，$\rho_2 = 0.757$，$\rho_3 = 0.383$。复测定系数 $R^2 = 0.588$，则复相关系数 $R = \sqrt{R^2} = 0.767$。回归方程的方差分析如表 5 – 14 所示。

表 5 – 14 方差分析表

误差来源	平方和	自由度	均 方	F 统计量
回归	9.622	3	3.207	4.273
残差	6.755	9	0.751	
总离差	16.377	12		

在显著性为 0.05 的水平下，F 统计量为 $4.273 \geqslant F_{\alpha=0.05}$（3，9）= 3.86，即方程的总体线性关系显著，模型有实际意义。

对自变量参数进行检验，在显著性水平 $\alpha = 0.05$ 时，查表可知 t 分布的临界值 $t_{\frac{0.05}{2}}$（9）= 2.262。

令 t_i 表示 β_i 的统计量，计算得：

$t_1 = 1.764$，则 $t_1 \leqslant t\frac{0.05}{2}(9) = 2.262$，故接受假设 $\beta_1 = 0$，即认为当年降雨量对地下水位无显著影响。

$t_2 = 3.478$，则 $t_2 \geqslant t\frac{0.05}{2}(9) = 2.262$，故接受假设 $\beta_2 \neq 0$，即认为前一年降雨量对地下水位有显著影响。

$t_3 = 1.242$，则 $t_3 \leqslant t\frac{0.05}{2}(9) = 2.262$，故接受假设 $\beta_3 = 0$，即认为前两年降雨量对地下水位无显著影响。

从分析结果看，只有前一年降雨量对地下水位有显著影响，当年降雨量与前两年降雨量对地下水位均没有显著影响（见图 5 - 35）。

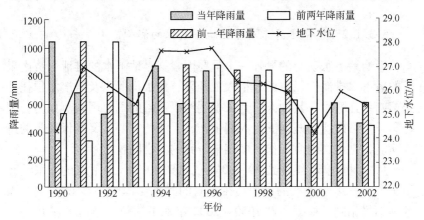

图 5 - 35 1990 ~ 2002 年市区地下水位与降雨量关系图

通过三个阶段降雨量对地下水位的影响分析，从偏相关系数（见表 5 - 15）可以得出以下结论：

（1）20 世纪 60 年代降雨量与地下水位的相关系数最大，说明此阶段的降雨量对地下水位影响比较明显。

（2）随着开采量的增加，到 20 世纪 70 ~ 80 年代降雨量与地下水位的相关系数变小，说明降雨量对地下水位的影响程度逐渐变小，而开采量成为这一阶段对地下水位影响最大的因素。

（3）20 世纪 90 年代到 21 世纪初，当年降雨量与前两年降雨量对地下水位的影响继续变小，而前一年降雨量对地下水位的影响明显增加。说明在相关保泉措施约束下，地下水的开采量有所限制。降雨量对地下水位影响程度的增加，也反过来说明地下水的开采量在此阶段有所减少。该阶段只有前一年降雨量对地下水位有显著影响，说明了降雨影响的滞后性，而当年降雨量及前两年降雨量对地下水位无显著影响则说明，开采量依然是影响地下水位的主要因素。

表5-15 降雨量与市区地下水位偏相关系数对照表

类 别	1960~1969年	1970~1989年	1990~2002年
当年降雨量与地下水位	0.89	0.414	0.507
前一年降雨量与地下水位	0.915	0.332	0.757
前两年降雨量与地下水位	0.668		0.383

5.3.1.2 地下水开采对市区地下水位的影响

影响地下水动态的另外一个重要因素就是地下水的排泄。济南泉域的地下水排泄途径主要包括人工开采、泉水排泄以及岩溶水顶托补给第四系孔隙水，其中人工开采是制约泉流量的重要因素。如何合理控制开采量以达到既能满足人们生产、生活的需要，又能保证泉的持续喷涌，是水文地质工作者多年来研究的核心问题。

从20世纪60年代到70~80年代再到90年代地下水的开采量经历了"少—多—少"的过程，在不同的时期影响地下水位的主要因素则不尽相同。根据泉群1959~2002年地下水位、市区开采量和外围开采量的资料（见表5-11），分别建立地下水开采量与地下水位的回归模型，进而考察市区开采和外围开采对市区地下水位的影响程度。

A 20世纪60年代（1959~1967）开采量对地下水位的影响

由于此阶段外围没有开采量，因此，影响地下水位的只有市区开采量。建立市区平均水位与市区开采量（1959~1967）的回归模型：

$$Y = \beta_0 + \beta_1 X_1 + \varepsilon \qquad (5-3)$$

式中 Y——年均地下水位；

$\quad X_1$——市区开采量；

$\quad \varepsilon$——随机变量；

$\quad \beta_0, \beta_1$——回归参数。

计算得回归方程为：

$$Y = 35.362 - 0.511X_1$$

根据回归方程计算地下水位与市区开采量的偏相关系数为 $\rho = -0.768$，方程复测定系数为 $R^2 = 0.591$。回归方程的方差分析如表 5 - 16 所示。

表 5 - 16 方差分析表

误差来源	平方和	自由度	均 方	F统计量
回归	5.667	1	5.667	10.096
残差	3.929	7	0.561	
总离差	9.596	8		

在显著性水平为 0.05 的情况下，查表知 F 检验的临界值为 $F_{\alpha = 0.05}(1, 7) = 5.59$，显然 F 统计量 $10.096 \geqslant F_{\alpha = 0.05}(1, 7) = 5.59$，故方程存在显著线性关系。

检验回归参数，在显著性水平为 $\alpha = 0.05$ 的情况下，回归参数 β_1 的 t 临界值为 $t_{\frac{0.05}{2}}(7) = 2.365$，回归参数的 t 统计值为：

$t = -3.177$，则 $|t| \geqslant t_{\frac{\alpha}{2}}(7) = 2.365$，故接受假设 $\beta_1 \neq 0$，即认为市区开采量对地下水位变动有显著影响。

B 70 ~ 80 年代（1968 ~ 1989）开采量对地下水位的影响

建立平均水位与市区开采量、外围开采量（1968 ~ 1989）的回归模型：

$$Y = \beta_0 + \beta_1 X_1 + \beta_2 X_2 + \varepsilon \qquad (5 - 4)$$

式中 X_2——外围开采量；

β_0，β_1，β_2——回归参数。

回归方程的方差分析如表 5 - 17 所示。

表 5 - 17 方差分析表

误差来源	平方和	自由度	均方	F统计量
回归	9.78	2	4.89	7.968
残差	11.66	19	0.614	
总离差	21.44	21		

在显著性水平为 0.05 的情况下, 查表知 F 检验的临界值为 $F_{\alpha=0.05}(2, 19) = 3.52$, 显然 F 统计量 $7.968 \geqslant F_{\alpha=0.05}(2, 19) = 3.52$, 故方程存在显著线性关系。

在显著性水平为 $\alpha = 0.05$ 的情况下, 回归参数 β_1 的 t 临界值为 $t_{\frac{0.05}{2}}(19) = 2.093$, 回归参数 β_1 的 t 统计值为:

$t_1 = 0.423$, 则 $|t_1| \leqslant t_{\frac{\alpha}{2}}(19) = 2.093$, 故接受假设 $\beta_1 = 0$, 即认为市区开采量对地下水位变动不十分显著。

$t_2 = -2.748$, 则 $|t_2| \geqslant t_{\frac{\alpha}{2}}(19) = 2.093$, 故接受假设 $\beta_2 \neq 0$, 即认为外围开采对地下水位有显著影响。

C 90 年代及以后 (1990 ~ 2002) 开采量对地下水位的影响

根据式 (5 - 4) 建立 20 世纪 90 年代到 21 世纪初 (1990 ~ 2002) 市区平均水位与市区开采量、外围开采量的回归模型。根据回归模型得到的回归方程方差分析如表 5 - 18 所示。

表 5 - 18   方差分析表

误差来源	平方和	自由度	均　　方	F 统计量
回归	3.424	2	1.712	1.322
残差	12.953	10	1.295	
总离差	16.377	12		

经回归分析, 在显著性水平为 0.05 的情况下, 查表知 F 检验的临界值为 $F_{\alpha=0.05}(2, 10) = 4.1$, 显然 F 统计量 $1.322 \leqslant F_{\alpha=0.05}(2, 10) = 4.1$, 故方程不存在显著线性关系。

在 20 世纪 70 ~ 80 年代, 由于工农业发展, 人工开采岩溶地下水量不断增大, 供水水源地最多达到 12 处, 开采量为 $55.47 \times 10^4 \mathrm{m}^3/\mathrm{d}$, 农业开采量约为 $8.86 \times 10^4 \mathrm{m}^3/\mathrm{d}$。由于降水量减少及市区与外围大量开采地下水, 泉水动态影响因素逐渐复杂化。分析认为: 20 世纪 70 年代前, 因只有市区开采, 故市区开采与地下水位关系明确; 70 ~ 80 年代, 随着经济的迅猛发展, 生产生活对地下水的需求量急剧增加, 地下水的开采量逐年增加, 外围开采量亦增加, 而该时期外围开采量是市区地下水位的重要影响因素之一; 90 年代至 21 世纪初, 虽然限制市区地下水的开采量, 但是降水变化、城区扩展、入渗减少、外围与市区开采并存等多方面原因却使影响地下水位的因素变得更为复杂。

5.3.1.3 地下水位与降雨量、市区开采、外围开采的关系

从地下水位的单因素回归分析可以看出,对地下水位产生显著影响的因素包括降雨量、市区开采量以及外围开采量等。为此,建立地下水位与降雨量、市区开采量、外围开采量的多元回归模型,可进一步讨论各因素对地下水位影响的权重。

由于地下水位在不同阶段受各因素的影响程度不同,故分两个阶段研究地下水位动态变化的影响因素。

A 1960~1967 年阶段

该阶段主要以市区开采为主。建立平均水位与当年降雨量、市区开采量、前一年降雨量、前两年降雨量的多元回归模型:

$$Y = \beta_0 + \beta_1 X_1 + \beta_2 X_2 + \beta_3 X_3 + \beta_4 X_4 + \varepsilon \tag{5-5}$$

式中　　　　　Y——年均地下水位;

X_1, X_2, X_3, X_4——当年降雨量、市区开采量、前一年降雨量、前两年降雨量;

ε——随机变量;

β_0, β_1, β_2, β_3, β_4——回归参数。

采用最小二乘法对回归参数进行估计,得到回归方程为:

$$Y = 30.417 + 0.002X_1 - 0.278X_2 + 0.002X_3 + 0.0004X_4$$

根据回归方程,地下水位与当年降雨量、市区开采量、前一年降雨量、前两年降雨量的偏相关系数分别为 $\rho_1 = 0.959$, $\rho_2 = -0.873$, $\rho_3 = 0.95$, $\rho_4 = 0.479$。复测定系数 $R^2 = 0.991$,则复相关系数 $R = \sqrt{R^2} = 0.996$。回归方程的方差分析如表 5-19 所示。

表 5-19　方差分析表

误差来源	平方和	自由度	均　方	F 统计量
回归	9.506	4	2.376	85.646
残差	0.083	3	0.028	
总离差	9.589	7		

在显著性为 0.05 的水平下，F 统计量为 $85.646 \geqslant F_{\alpha=0.05}(4, 3) = 9.12$，即方程的总体线性关系显著，模型有实际意义。

对自变量参数进行检验，在显著性水平 $\alpha = 0.05$ 时，查表可知 t 分布的临界值 $t_{\frac{0.05}{2}}(3) = 3.182$。

令 t_i 表示 β_i 的统计量，计算得：

$t_1 = 5.834$，则 $t_1 \geqslant t_{\frac{\alpha}{2}}(3) = 2.11$，故接受假设 $\beta_1 \neq 0$，即认为当年降雨量对地下水位有显著影响。

$t_2 = -3.096$，则 $|t_2| \leqslant t_{\frac{\alpha}{2}}(3) = 2.11$，故接受假设 $\beta_2 = 0$，即认为市区开采量对地下水位无显著影响。

$t_3 = 5.254$，则 $t_3 \geqslant t_{\frac{\alpha}{2}}(3) = 2.11$，故接受假设 $\beta_3 \neq 0$，即认为前一年降雨量对地下水位有显著影响。

$t_4 = 0.992 \leqslant t_{\frac{\alpha}{2}}(3) = 2.11$，故接受假设 $\beta_4 = 0$，即认为前两年降雨量对地下水位无显著影响。

从分析结果上看，20 世纪 60 年代只有当年降雨量与前一年降雨量对市区地下水位有显著影响，而市区开采量对市区地下水位影响较小。

B　1968～1989 年阶段

20 世纪 70～80 年代地下水的开采量迅速地增加，据此建立平均水位与当年降雨量、市区开采量、外围开采量、前一年降雨量的多元回归模型：

$$Y = \beta_0 + \beta_1 X_1 + \beta_2 X_2 + \beta_3 X_3 + \beta_4 X_4 + \varepsilon$$

式中　X_1，X_2，X_3，X_4 ——当年降雨量、市区开采量、外围开采量、前一年降雨量；

β_0，β_1，β_2，β_3，β_4——回归参数。

采用最小二乘法对回归参数进行估计，得到回归方程为：

$$Y = 27.362 + 0.002X_1 - 0.002X_2 - 0.05X_3 + 0.001X_4$$

地下水位与当年降雨量、市区开采量、外围开采量、前一年降雨量的偏相关系数分别为 $\rho_1 = 0.285$、$\rho_2 = -0.017$、$\rho_3 = -0.572$、$\rho_4 = 0.094$。复测定系数 $R^2 = 0.501$，则复相关系数 $R = \sqrt{R^2} = 0.708$。回归方程的方差分析如表 5-20 所示。

表5-20　方差分析表

误差来源	平方和	自由度	均　方	F 统计量
回归	10.75	4	2.687	4.274
残差	10.69	17	0.629	
总离差	21.44	21		

在显著性为 0.05 的水平下，F 统计量为 $4.274 \geqslant F_{\alpha=0.05}(4, 17) = 2.96$，即方程的总体线性关系显著，模型有实际意义。

对自变量参数进行检验，在显著性水平 $\alpha = 0.05$ 时，查表可知 t 分布的临界值 $t_{\frac{0.05}{2}}(17) = 2.11$。

令 t_i 表示 β_i 的统计量，计算得：

$t_1 = 1.226$，则 $t_1 \leqslant t_{\frac{0.05}{2}}(17) = 2.11$，故接受假设 $\beta_1 = 0$，即认为当年降雨量对地下水位无显著影响。

$t_2 = -0.068$，则 $|t_2| \leqslant t_{\frac{0.05}{2}}(17) = 2.11$，故接受假设 $\beta_2 = 0$，即认为市区开采量对地下水位无显著影响。

$t_3 = -2.879$，则 $|t_3| \geqslant t_{\frac{0.05}{2}}(17) = 2.11$，故接受假设 $\beta_3 \neq 0$，即认为外围开采量对地下水位有显著影响。

$t_4 = 0.39$，则 $t_4 \leqslant t_{\frac{0.05}{2}}(17) = 2.11$，故接受假设 $\beta_4 = 0$，即认为前一年降雨量对地下水位无显著影响。

综合上述回归分析，不同时期各影响因素与地下水位的偏相关系数值如表5-21所示。

表5-21　各影响因素与地下水位的偏相关系数对照表

类　别	1960~1967 年	1968~1989 年
当年降雨量与地下水位	0.959	0.285
前一年降雨量与地下水位	0.95	0.094
前两年降雨量与地下水位	0.479	
市区开采量与地下水位	-0.873	-0.017
外围开采量与地下水位		-0.572

根据分析结果看，从 60 年代到 90 年代，影响地下水位的主要因素由降雨量转变为人工开采量，且外围开采量的影响已超过市区开采

的影响。开采条件下，降雨量成了影响市区地下水位的次要因素。

5.3.1.4 地下水位与自备井开采量的关系

2000 年以来已逐步关停市区、西郊水厂。现以 2007 年市区水位 5 天一次的观测资料及同年各企事业单位自备井开采数据，分析自备井开采情况对市区地下水位的影响程度。济南市大部分自备井分布在市区和东郊，西郊自备井数量很少。建立市区地下水位与东郊自备井开采量的回归模型

$$Y = \beta_0 + \beta_1 X_1 + \varepsilon$$

式中　Y——趵突泉的地下水位标高；

　　　X_1——自备井开采量；

　　　ε——随机变量；

β_0，β_1——回归参数。

采用最小二乘法对回归参数进行估计，得到回归参数的估计值为 $\beta_0 = 30.15$，$\beta_1 = -0.434$，则回归方程为：

$$Y = 30.15 - 0.434 X_1$$

根据回归方程计算得市区地下水位与自备井开采量的偏相关系数为 $\rho = -0.23397$，复测定系数为 $R^2 = 0.0548$。回归方程的方差分析如表 5-22 所示。

表 5-22 方差分析表

误差来源	平方和	自由度	均　方	F 统计量
回归	0.1522	1	0.1522	0.5792
残差	2.6277	10	0.26277	
总离差	2.7799	11		

在显著性为 0.05 的水平下，$F_{\alpha = 0.05}(1, 10) = 4.96$。$F$ 统计量为 $0.5792 \leqslant F_{\alpha = 0.05}(1, 10) = 4.96$，即回归方程总体线性不显著，东郊自备井开采对市区地下水位的变动无显著影响。

5.3.1.5 泉流量与降雨量、地下水位、开采量的关系

A 1960~1967 年阶段

建立泉流量与当年降雨量、前一年降雨量、市区开采量的多元回

归模型:

$$Y = \beta_0 + \beta_1 X_1 + \beta_2 X_2 + \beta_3 X_3 + \varepsilon$$

式中　　　　Y——泉流量;

X_1, X_2, X_3——当年降雨量、前一年降雨量、市区开采量;

ε——随机变量;

β_0, β_1, β_2, β_3——回归参数。

采用最小二乘法对回归参数进行估计,得到回归方程为:

$$Y = 24.967 + 0.015 X_1 + 0.014 X_2 - 0.863 X_3$$

根据回归方程得当年降雨量、前一年降雨量、市区开采量与泉流量的偏相关系数分别为 $\rho_1 = 0.903$, $\rho_2 = 0.858$, $\rho_3 = -0.399$。复测定系数为 $R^2 = 0.951$,则复相关系数 $R = \sqrt{R^2} = 0.975$。回归方程的方差分析如表 5-23 所示。

表 5-23 方差分析表

误差来源	平方和	自由度	均　方	F 统计量
回归	443.998	3	147.999	25.875
残差	22.88	4	5.72	
总离差	466.878	7		

在显著性为 0.05 的水平下, $F_{\alpha=0.05}(3, 4) = 6.59$。$F$ 统计量为 $25.875 \geqslant F_{\alpha=0.05}(3, 4) = 6.59$,故回归方程总体线性显著。

对自变量参数进行检验,在显著性水平 $\alpha = 0.05$ 时,查表可知 $t_{\frac{0.05}{2}}(4) = 2.776$。

令 t_i 表示 β_i 的统计量,计算得

$t_1 = 4.215$,则 $t_1 \geqslant t_{\frac{0.05}{2}}(4) = 2.776$,故接受假设 $\beta_1 \neq 0$,即认为当年降雨量对泉流量有显著影响。

$t_2 = 3.337$,则 $t_2 \geqslant t_{\frac{0.05}{2}}(4) = 2.776$,故接受假设 $\beta_2 \neq 0$,即认为前一年降雨量对泉流量有显著影响。

$t_3 = -0.87$,则 $|t_3| \leqslant t_{\frac{0.05}{2}}(4) = 2.776$,故接受假设 $\beta_3 = 0$,即认为市区开采量对泉流量无显著影响。

从分析结果看,此阶段影响泉流量的主要因素为降雨量,而市区开采量对地下水位没有产生显著影响。

B　1968～1989 年阶段

从 20 世纪 70 年代开始外围开采量逐年增加，据此建立泉流量与当年降雨量、市区开采量、外围开采量的多元回归模型：

$$Y = \beta_0 + \beta_1 X_1 + \beta_2 X_2 + \beta_3 X_3 + \varepsilon$$

式中　X_1，X_2，X_3——当年降雨量、市区开采量、外围开采量。

采用最小二乘法对回归参数进行估计，得到回归方程为：

$$Y = 14.555 + 0.01 X_1 - 0.017 X_2 - 0.377 X_3$$

根据回归方程计算得泉流量与当年降雨量、市区开采量、外围开采量的偏相关系数分别为 $\rho_1 = 0.443$，$\rho_2 = -0.034$，$\rho_3 = -0.801$。复测定系数 $R^2 = 0.771$，则复相关系数 $R = \sqrt{R^2} = 0.878$。回归方程的方差分析如表 5-24 所示。

表 5-24　方差分析表

误差来源	平方和	自由度	均　　方	F 统计量
回归	571.988	3	190.663	20.251
残差	169.466	18	9.415	
总离差	741.453	21		

在显著性为 0.05 的水平下，F 统计量为 $20.251 \geqslant F_{\alpha=0.05}(3, 18) = 3.16$，即方程的总体线性关系显著，模型有实际意义。

对自变量参数进行检验，在显著性水平 $\alpha = 0.05$ 时，t 分布的临界值 $t_{\frac{0.05}{2}}(18) = 2.101$。

令 t_i 表示 β_i 的统计量，计算得：

$t_1 = 2.094$，则 $t_1 \leqslant t_{\frac{0.05}{2}}(18) = 2.101$，故接受假设 $\beta_1 = 0$，即认为当年降雨量对泉流量无显著影响。

$t_2 = -0.142$，则 $|t_2| \leqslant t_{\frac{0.05}{2}}(18) = 2.101$，故接受假设 $\beta_2 = 0$，即认为市区开采量对泉流量无显著影响。

$t_3 = -5.669$，则 $|t_3| \geqslant t_{\frac{0.05}{2}}(18) = 2.101$，故接受假设 $\beta_3 \neq 0$，即认为外围开采量对泉流量有显著影响。

从分析结果看，前一阶段即 20 世纪 60 年代，影响泉流量的主要因素为自然因素即降雨量，而人工开采量对泉流量未造成显著影响。

第二阶段即20世纪70~80年代，影响泉流量的主要因素发生了转变，由自然因素转变为人为因素，即人工开采量对泉流量的影响已超过了降雨量的影响，尤其是外围的开采。目前人工开采量对地下水位的影响越来越严重，这种影响间接反映在泉流量上。因此，对人工开采的合理布局以及开采量的有效控制是保泉的重要手段。

5.3.2 市区与东郊、西郊地下水的水力联系

明确济南泉域地下水内部之间的水力联系，有利于合理优化地下水观测网以及更好的实施保泉措施。深入了解市区与东郊、西郊的地下水水力联系，采用线性回归法对市区与东西郊的地下水关系进行分析，建立线性回归模型为：

$$Y = \beta_0 + \beta_1 X_1 + \varepsilon$$

式中　Y——市区地下水位；

　　　X_1——东、西郊地下水位；

　　　ε——随机变量；

　β_0，β_1——回归参数。

根据2005年地下水位长期观测资料，东郊采用A3-4、J102、W18、W19、JD3、A2-5、BD2、潍水1观测井资料，西郊采用J93、A2-33、A2-41、J87、KB4、J97、J97′、黄29、机1、J105、CX45、G1、J64、KD4观测井资料，分别与市区J103号观测井地下水位标高建立线性回归方程。采用市区与东郊、西郊地下水位的相关系数，绘制地下水位相关系数等值线图（见图5-36），定量分析市区与东郊、西郊地下水的水力联系程度。

（1）从图中可以看出，市区与东郊、西郊地下水位的相关系数随着观测井与市区距离的增加而减小，这符合地下水流场的基本规律。

（2）从市区与东郊、西郊地下水位相关系数的数值大小看，相关系数都较大，基本上都大于0.7。

（3）从相关系数值彼此差异来看，东郊观测井地下水位标高与市区地下水位的相关系数总体不高，方程的拟合度也不高，西郊与市区地下水的相关系数则较高。

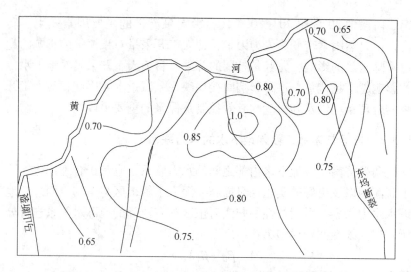

图 5 - 36　市区与东郊、西郊地下水位相关系数等值线图

5.4　地下水系统的水化学场揭示的问题

5.4.1　时间尺度水化学变化特征

地下水化学场的变化具体体现在组成地下水的各种化学成分的变化。组成地下水化学成分的主要离子和各种组分的变化是衡量地下水化学场演化程度的基本指标。20 世纪 50 ~ 60 年代，济南岩溶水水质较好，为了解岩溶水变化趋势，选取 Cl^-、SO_4^{2-}、NO_3^-、矿化度、硬度为主要指标，绘制历年水质柱状图（见图 5 - 37），从图中可以看出，济南泉域岩溶水中各种组分随着时间变化均有明显变化。在 1958 ~ 2009 年的 52 年间，趵突泉泉水矿化度及总硬度总体呈缓慢上升趋势，增幅较大的为 Cl^-、SO_4^{2-}、NO_3^-。硬度和矿化度二者的总体变化趋势基本保持一致，如 2009 年与 1958 年相比，总硬度增长 1.73 倍；矿化度增长 1.75 倍；Cl^- 增长近 3.2 倍；SO_4^{2-} 增长了 6.14 倍；NO_3^- 增长了 8.9 倍。Cl^-、SO_4^{2-}、NO_3^- 浓度增加幅度较大，反映了水化学场的变化，同时可以认定岩溶水水质已经受到了人类活动的影响。

天然状态下，泉域内岩溶水的开采量很小，地下水化学类型单

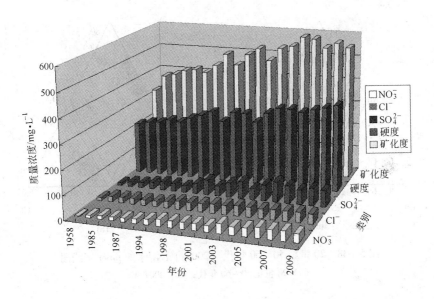

图 5-37 趵突泉历年水质变化柱状图

一，以 Ca - HCO$_3$ 和 Ca·Mg - HCO$_3$ 为主。自80年代以来，泉域内水化学类型发生了重大变化，虽然 Ca - HCO$_3$ 和 Ca·Mg - HCO$_3$ 型水仍占主要地位，但也出现了一些新的水化学类型，如 Ca - HCO$_3$·Cl、Ca·Mg - HCO$_3$·SO$_4$、Ca - SO$_4$、Ca·Mg - HCO$_3$·Cl、Ca·Mg - Cl·HCO$_3$ 等。由此可以看出，随着泉域范围内人类活动的加剧，部分地区地下水已经受到了影响，济南地区岩溶地下水化学场也已经发生了根本性的改变（见图5-38）。

5.4.2 空间尺度水化学变化规律

采用水质分析资料绘制的地下水总溶解固体等值线如图5-39所示，从图中可以看出，TDS总体变化趋势为，沿着地下水流动方向自南向北逐渐变大；在东郊盛福庄和政法学院附近、市区建材厂、西郊陡沟和机床一厂附近的地下水排泄处 TDS 达到最大值。

泉域内地下水的 Mg^{2+} 含量最低值在西郊长清东魏庄西，最高值分布在东郊农科院。从 SO$_4^{2-}$ 等值线可以看出，济南东郊工业区农科院附近 SO$_4^{2-}$ 含量最大（见图5-40）。

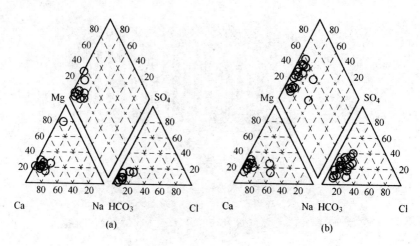

图 5 - 38 20 世纪 50 ~ 60 年代与 2007 年岩溶水的 piper 三线图

（a）20 世纪 50 ~ 60 年代；（b）2007 年

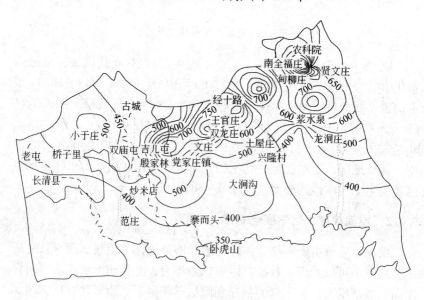

图 5 - 39 TDS 等值线

5.4.3 济南泉域岩溶水空间演化机制

为了更好地分析泉域岩溶水化学场的演化状态和地下水循环特

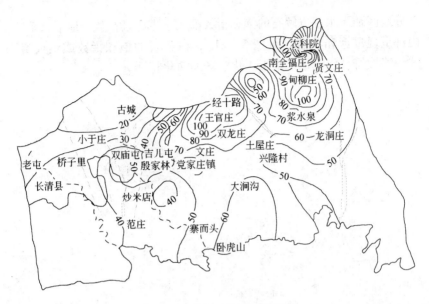

图 5 – 40 SO_4^{2-} 离子含量等值线

征，这里利用 Phreeqc 软件对泉域地下水进行了模拟计算。饱和指数是指地下水中某种特定矿物的饱和度，是判断地下水中特定矿物溶解或沉淀的一个重要参数，常以 SI 表示。SI > 0 表示地下水相对某矿物是过饱和的，该矿物将从地下水中沉淀出来；SI < 0 则表示地下水对指定矿物是欠饱和的，地下水有继续溶解该矿物的能力；SI = 0 表示地下水相对某特定矿物是平衡的。

地下水中的化学成分及其含量与地质环境溶解作用关系密切。溶解作用与含水岩层的矿物组分、地形、地貌及水的运动条件有关。灰岩含水层中地下水主要以 Ca、Mg 为特征离子，地下水由南向北运动，水中溶解的离子含量不断增加，矿化度也随之增高，Ca 逐渐达到饱和而析出，从而 Mg 含量相对增高，所以承压区地下水类型为 HCO_3 – Ca·Mg 型。由于地下水继续向北（承压区深部）运动，即随运移路程的增加，埋藏深度在增大，水中溶解组分也在增加，直至 $CaCO_3$ 的饱和指数接近零，地下水类型便由 HCO_3 – Ca·Mg 型转变为 HCO_3·SO_4 – Ca 型或 HCO_3·SO_4 – Ca·Mg 型。根据矿物饱和指数计算表明，整个地下水系统内硬石膏、石膏的饱和指数都小于零；大部分地区地下水中方解石的饱和指数都大于零，且在整个地下水系统内都呈现过饱和状态（见图5-41）；白云石的饱和指数或正或负。这一特性符合济南地区地下水化学场的演化特征。

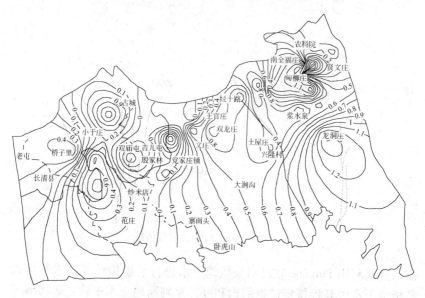

图5-41 白云石饱和指数等值线图

　　沿地下水的径流途径，从东郊水化学剖面（见图5-42）中可以明确看出，沿地下水运移途径的水化学变化过程。距离地下水的补给源越远，水中 TDS 含量越高，且 TDS 含量高低为补给区＜径流区＜排泄区。如排泄区祝甸以北灰岩埋深在470m 以下，未受到人类活动的影响，地下水的 TDS 值陡升。地下水循环途径越长、交替越缓慢，地下水 TDS 的含量越高。

　　根据中国科学院地质与地球物理研究所测试，济南四大泉群、井家沟和王官庄的 CFC-11、CFC-11 和 CFC-113 均超量，西郊古城、大杨庄水源地的 CFC 浓度则处于正常范围，很好地反映出人类活动强度与岩溶水质量分布的一致性。同时，测试结果表明西郊岩溶水的表观年龄约18~30 年，由南向北地下水表观年龄逐渐增大，如冷庄 18 年（CFC-12 约 1.96pmol/kg）、古城 20 年（CFC-11 约2.38pmol/kg、CFC-12 约0.95pmol/kg、CFC-113 约0.12pmol/kg）。

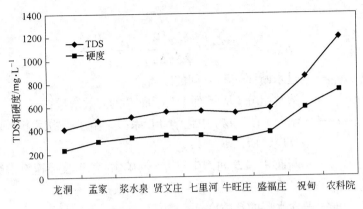

图 5-42 沿补径排方向水化学组分变化特征

5.4.4 水化学法确定碳酸盐岩含水层渗透系数 K 值

5.4.4.1 地下水化学动力学方程

本区沉积了一套巨厚的碳酸盐建造，这是决定本区地下水的溶解特征是多矿物溶解的物质基础，符合溶解动力学的研究范畴。

假设是多矿物（设为 m）体系，当它们溶解后生成组分 i，那么把 m 个矿物各自的溶解动力学方程迭加起来，即得到多矿物溶解动力学方程为：

$$\frac{\mathrm{d}a_i}{\mathrm{d}t} = \sum_{j=1}^{m} \{\nu_{ij}k_j[1 - \beta_j(t)]\} \qquad (5-6)$$

式中　ν_{ij}——溶解组分 i 在 j 矿物溶解反应中的化学计量系数；

k_j——j 矿物溶解反应速率常数；

$\beta_j(t)$——j 矿物溶解反应 t 时刻内的反应比率。

溶解反应比率是表示溶解反应方向的量，它是时间的函数。当反应达平衡时，$\beta_j(t) = 1$；当 $\beta_j(t) < 1$，$1 - \beta_j(t) > 0$ 时，溶解反应向正向进行，表明矿物 j 溶解，且溶于水中的离子未达到饱和状态；当 $\beta_j(t) > 1$，$1 - \beta_j(t) < 0$ 时，则矿物溶解反应往逆（负）向进行，表明该矿物 j 溶解在水中的离子已达到饱和，要析出。

区内可溶岩由多矿物组成，故需用多矿物溶解动力学方程来研究。按达西定律整理方程后，得出用化学资料求渗透系数 K 值的公式：

$$K_{AB} = \frac{S_{AB}^2 \sum \nu_{ij} n k_{jAB}[2 - \beta_{jA} - \beta_{jB}]}{2\Delta h \Delta a_{iAB}} \qquad (5-7)$$

式中　S_{AB}——过水断面 A 和 B 间的距离；

$\quad\Delta a_{iAB}$——溶解组分 i 从断面 A 至断面 B 的有效增量；

$\quad\nu_{ij}$——组分 i 在矿物 j 中化学计量系数，由于矿物属于 $1:1$ 型反应，所以 $\nu_{ij}=1$；

$\quad k_{jAB}$——断面 A 和 B 间产生组分 i 的矿物 j 溶解反应速率常数；

β_{jA}, β_{jB}——矿物 j 在断面 A 和断面 B 处的反应比率；

$\quad n$——含水层的孔隙度；

$\quad\Delta h$——断面 A 和断面 B 间的水位差。

将上式用具体碳酸盐岩离子 $[Mg^{2+}]$ 表示，则方程为：

$$K_{AB} = \frac{S_{AB}^2 \sum n k_{dAB}[2 - \beta_{MgA} - \beta_{MgB}]}{2\Delta h \Delta a_{MgAB}} \qquad (5-8)$$

式中　k_{dAB}——断面 A 和断面 B 间 Mg^{2+} 溶解反应速率常数；

$\quad\Delta a_{MgAB}$——Mg^{2+} 从断面 A 至断面 B 的有效增量。

因为矿物溶解组分是在一定的流场中发生的，因此各矿物溶解组分的含量及其溶解反应比率的分布规律与地下水流场变化规律相吻合的程度越高，就越符合实际。通过济南地区地下水流场分析认为，Mg^{2+} 的分布规律与流场的分布规律相吻合，而且 $\beta(Mg^{2+}) < 1$ 所控制的面积较大，所以采用 Mg^{2+} 及相应的计算式进行计算。

5.4.4.2　渗透系数 K 值的计算

将泉域做 24 个剖面 181 个计算点，对全区计算得渗透系数 K 值分区如图 5-43 所示。K 大于 100m/d 的区域，在西郊的大梁、北汝、张桥、西三里、长清县城赵庙、马庄、老张庄、新五村、由里庄、大杨庄、周王庄、杜庙、平安店等处呈片状分布，在小郑庄、新庄、鸡耳屯、刘长山、趵突泉、珍珠泉等处则零星分布。10 ~ 100m/d 的区域分布在 K 大于 100m/d 区域的外围，呈近东西向条带状，主要分布在山前地带。1～10m/d 的区域呈条带状分布在山前与露头边缘地带。K 小于1m/d 的区域分布在山区及山区边缘地带和南部山区。由补给区—径流、排泄区—灰岩深埋、岩体覆盖及煤系地层分布区，K 值总体上从小到大再到小，且东西呈条带分布，渗透性能由东向西逐渐增强。

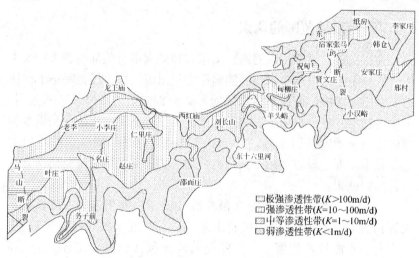

图 5 - 43　渗透系数分区图

6 岩溶水系统研究方法

6.1 济南泉域范围的认识

为解决济南保泉供水问题，山东省和济南市有关部门做了不少工作，但时至今日济南泉水仍不能确保常年出流，而市民也喝不上优质地下水。要解决济南保泉供水问题，必须首先搞清济南泉域的范围、泉域内补给水量、泉域可供利用的水资源量等问题。济南保泉供水涉及面广，非确定性因素多，对济南泉域范围存在不同认识亦难以避免，其中主要分歧点是东、西边界问题。关于泉域的范围目前主要有三种不同认识：

（1）济南泉域东边界为文祖断裂（或埠村向斜轴部，两者相距很近），西边界为长清境内的马山断裂。东郊开采区（包括杨家屯、裴家营等水源地）岩溶水、西郊开采区（包括腊山、大杨庄、峨嵋山等水源地）岩溶水与市（泉）区岩溶水、泉水处于同一泉域内，即处于同一个具有统一水动力场、化学场的岩溶水系统中。济南泉域为一大型岩溶水系统，包括市区泉群、白泉泉群及峨嵋山泉泉群等 3 个分支泉域，面积近 3000km²。3 个分支泉域岩溶水的空间状态、时间动态虽有一定的差异，但在空间、时间上总体来说都是有联系的。陈学群等把影响济南市市区泉域补给区的范围界定为：南以长城岭地表分水岭为界，北以小清河一带辉长岩、闪长岩等侵入岩体的出露及隐伏区为界，西以马山断裂为界，东以相对隔水的埠村向斜为界，总面积 2614.19km²。汪家权也认为东部文祖断裂、西部马山断裂、北部地下 500m 灰岩顶板埋深线均可作为人为边界。

（2）济南泉域西边界位于刘长山—郎茂山—万灵山—分水岭村一带的透水性极弱的岩溶弱发育带；南边界与西边界相连接，从分水岭村往东，经兴隆山、矿村、龙湾（小清河流域与玉符河流域分水岭）往东南延伸，直至长城岭东段（巴漏河与莱芜盆地的区域分水岭）一带，地表水与地下水分水岭接近一致；东边界位于埠村向斜构造，轴线在埠村至城角头一带，核部为阻水的石炭、二叠系地层，泉域的东边界是向斜西翼的有效阻水地带；北边界以横贯城区至东郊、西郊北部的济南火成岩体作为公认的泉域北边界，泉域的面积为 818.5km²。

（3）泉域南边界西起岗辛庄向东经卧牛寨、桃花峪、馍馍顶，向南经黄山顶、香火炉子山至长城岭，呈北北东向直到西营东南方向的大高尖山，向北至文风山、跑马岭然后向西至东坞断裂；泉域北边界以济南岩浆岩体和石炭、二叠系煤系地层为界，将奥陶系在 -350 ~ -400m 深度的标高线作为边界；泉域西边界为马山断裂，马山断裂北段为透水地带；泉域东边界为东坞断裂，在炼油厂、铁厂和北部砌块厂附近呈现弱透水的性质，泉域的面积为 1486km²。

6.2 济南泉域岩溶水子系统勘察技术

虽然对泉域的范围存在不同认识，但是所有研究的地质基础均来源于地矿部门。自 20 世纪 50 年代以来，地矿部门在济南地区进行了大量水文地质工作，主要投入的勘探方法包括水文地质钻探、大型停水试验、开采性抽水试验、示踪试验、回灌试验、溶蚀实验、水文地质物探、同位素水文地质等。

6.2.1 大型停水试验

为研究地下水系统的内部水动力特征，地矿部门对解放桥水厂及东郊高新技术开发区进行了停抽水试验（见图 6-1）。1987 年 4 月 13 日市区解放桥水厂进行停水试验，水量 $10 \times 10^4 m^3/d$，停水后水位的影响范围向东仅到甸柳庄附近，而姚家以东和东北的观测孔水全未见影响。5 月 26 日济南二钢厂、化纤厂供水井停水试验，水量 $1.8 \times 10^4 m^3/d$，影响范围均在七里河以东。

1987 年 5 月实施西郊峨嵋山、大杨庄及腊山水厂停抽水试验，1988 年 5 月 17 日实施市区普利门、饮虎池二水厂停抽水试验（见图 6-2）。西郊三个水厂停抽时间 5h，水量约 $20 \times 10^4 m^3/d$，观测到腊山以东机床二厂观测孔水位上升 0.066m。市区普利门和饮虎池二水

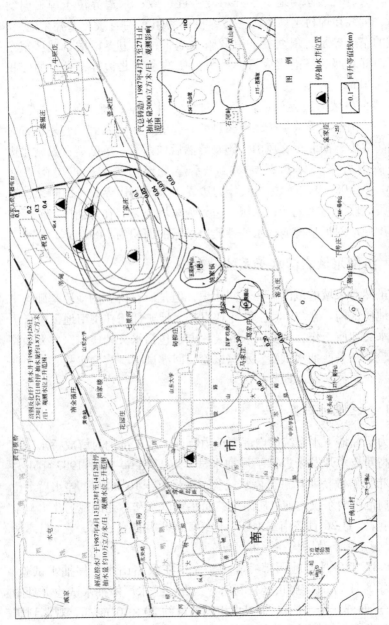

图 6-1 解放桥水厂和东郊工业区自备井停抽水试验影响范围图

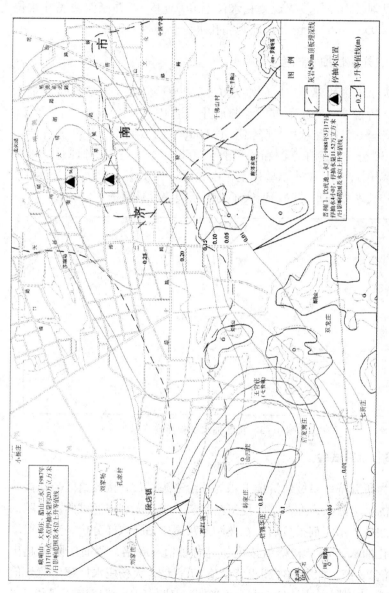

图 6-2 西郊三水厂与市区水厂停抽水试验水位影响等值线图

厂，停抽时间4小时，水量约 $11.25 \times 10^4 m^3/d$，根据观测影响范围已越过刘长山，如段店观测孔水位上升0.145m，井家沟两民井水位上升0.053m和0.05m，红庙观测孔水位上升0.112m。

6.2.2 开采性抽水试验

为了论证西郊与市区的水力联系，2003年6~7月进行济西抽水试验，桥子李、冷庄和古城水源地开采量 $19.2 \times 10^4 m^3/d$，试验前6月2日至6日市区水位日降幅小于2cm，6月6日17时30分开始至23时30分止，冷庄水源和桥子李水源陆续抽水，两水源地总抽水量 $12.4 \times 10^4 m^3/d$，抽水试验影响范围如图6-3所示。济西开采性抽水试验和长孝大抽水试验均证实了马山断裂北段具有透水性。

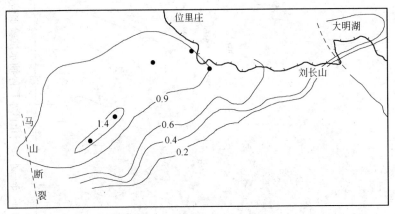

图6-3 济西抽水试验影响范围

6.2.3 示踪试验

为研究济南泉域岩溶地下水的补给来源以及直接补给区与间接补给区的水力联系，在西郊张夏组鲕状灰岩进行大型连通试验，示踪剂为钼酸铵。示踪剂投放后，在奥陶系灰岩中钻孔取样分析，其中殷家林钻孔抽水，Mo^{6+} 初峰值浓度超过背景值906倍，罗而庄附近超出背景值28倍，杜庙一带超出背景值87.5倍，大杨庄水厂超出背景值351倍，峨嵋山水厂超出背景值16倍，建材厂一带超出背景值5.2倍，地下水视流速在88~489m/d。试验表明张夏灰岩与奥陶系灰岩存在水力联系，同时证实大气降水入渗补给和地表水渗漏补给是岩溶水主要补给项。

西郊水厂开采量 $20 \times 10^4 m^3/d$，示踪剂的主要运移方向指向三个开采点，由于距市区较远，示踪剂投放量少，且监测时间短，刘长山以东浓度较低，市区未检测到峰值。

另外，1996 年山师大与济南市水利局在西渴马、涝坡—白云岗、老君井等处也曾进行过示踪试验。

6.2.4 回灌试验

2002 年 3 月济南市水利局利用卧虎山水库放水，在玉符河进行回灌试验。卧虎山水库 3 月 12 日 21 时放水，至 3 月 27 日 17 时停止放水，水库放水时间 15 天，共计放水量 $800 \times 10^4 m^3$。为此，试验中进行大面积的地下水动态加密观测，全区共布设地下水观测点 33 个，其中张夏组灰岩观测点 2 个，奥陶系灰岩裂隙水观测点 25 个，孔隙水观测点 6 个，测流断面布设 4 条。

根据此次回灌试验的地下水水位动态资料，可充分证明：

（1）玉符河地表水对岩溶水有重要补给作用。

（2）炒米店断裂具有导水性。在西郊开采条件下，大部分地下水填补漏斗区，还有一部分地表水补给第四系孔隙水（见图 6 - 4）。

（3）由于放水时间短、放水量小，回灌试验对市区泉水的影响

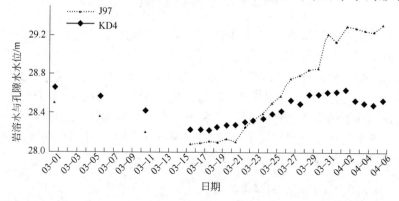

图 6 - 4 2002 年 3 ~ 4 月回灌试验期间岩溶水与孔隙水水位对比曲线

有待于进一步研究。

(4) 根据卧虎山水库到寨而头段渗漏资料，可评价张夏灰岩渗漏能力，计算表明张夏灰岩单位长度的河道渗漏量为（1.36 ~ 1.543）× $10^4 m^3$/（d·km），水库放水回灌补源量可设计在 18 × $10^4 m^3$/d 以下。

6.2.5 同位素水文地质

6.2.5.1 岩溶水同位素研究

根据 1989 年市区与西郊水厂岩溶水氘同位素分析（见图 6-5），市区与西郊各取样点 δD 值历时曲线的总动态和变化趋势十分相似。

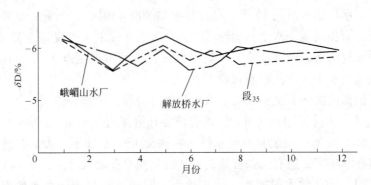

图 6-5 1989 年市区与西郊水厂氘同位素历时曲线

通过对大气降水、市区泉水及济南北部地热水（岩溶水）等的同位素资料对比分析，特别是处于黄河北的灰岩条带上的地热孔，因灰岩埋藏较浅，齐河、北郊林场等地热孔的氢氧同位素组成基本上都落在 Craig 降水线上（见图 6-6），测定的 T 值一般在 5 ~ 15TU。据此推测地下热水均为新近的入渗水和"古水"混合形成，也表明北部地热水是现今不同气候条件下的降水补给；同时，还可推断济南北部地热水大量开采对南部岩溶水存在影响（见图 6-7）。

6.2.5.2 孔隙水同位素测定

根据济南泉域第四系孔隙水氢氧稳定同位素的测定（见图

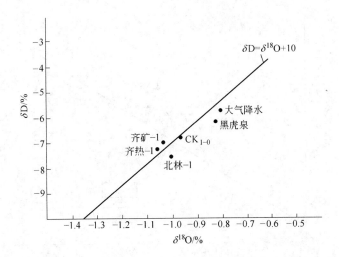

图6-6 北郊地热水、泉水与大气降水的同位素对比

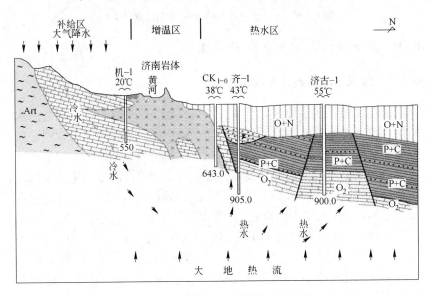

图6-7 济南北部地热田形成模式图

6-8)，揭示了浅层地下水与岩溶水的水力联系，可以认为部分西郊岩溶水顶托补给浅层地下水。

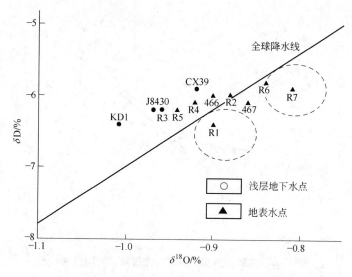

图 6 - 8　浅层地下水与降水氢氧同位素关系图

6.3　济南泉域岩溶水系统开采布局

6.3.1　济南泉域岩溶水系统范围

前已述及，济南地区东至文祖断裂，西至平阴，是一巨大岩溶水系统。地下水系统的边界不可能是完全隔水的，北沙河流域以西距离市区泉群较远，且根据水文地质勘探及试验资料，断裂以西地下水流场对市区泉群的汇流条件无影响，故可确定计算范围的西边界为马山断裂。东郊高新区虽然距离市区四大泉群较近，但是受到火成岩穿插，东坞断裂—七里河之间的岩溶含水层埋藏条件复杂，局部埋深大于400m，如祝甸北为440m未揭穿火成岩，2010 年 3 月 18 日水位埋深21m，附中钻孔揭穿闪长岩后钻孔水自流（2009 年 3 月）。东坞断裂—七里河之间区域地下水补给条件差，灰岩含水层的深埋减弱了与市区泉群和白泉泉群的水力联系。东坞断裂两侧水文地质条件存在差异，故确定以东坞断裂为东边界。南部以泰山余脉的长城岭—地表分水岭为界，北部以火成岩—煤系地层为界，泉域总面积为 1486.44km^2。

6.3.2 岩溶水补给资源量

泉域内岩溶水的来源主要是大气降水入渗补给、地表水河道渗漏补给、灌溉回归补给等。岩溶水补给资源量按四个不同年代进行计算，即分别计算 20 世纪 60 年代、70 年代、80 年代和现状年的补给资源量。采用均衡法计算而得到的 20 世纪 60 年代至今补给资源量如表 6-1 所示。

表6-1　补给资源量一览表

时　　期	60 年代	70 年代	80 年代	现状年
补给资源量/$m^3 \cdot d^{-1}$	69.4×10^4	66.8×10^4	55.9×10^4	53.3×10^4

从计算结果对比分析可以看出，从 60 年代至今，补给资源量逐渐衰减，而导致岩溶水补给资源量减少的主要原因则是济南地区"三水"转化关系发生变化：

（1）来自间接补给区的河道径流补给大幅减小。济南泉域总面积 $1486.4km^2$，间接补给区超过 $1000km^2$，天然条件下间接补给区表流可通过河道进入直接补给区补给泉水。但自间接补给区修建水库（拦蓄能力达 $1.8 \times 10^8 m^3$）并向市区供水后，近 20 年来直接补给区河道基本长年干涸，不能有效补给岩溶水。

（2）直接补给区沟谷淤积，入渗能力降低。灰岩地区沟谷、河道是地下水的重要补给场所，但河道占用、沟谷淤积、河道挖砂等人类活动破坏了自然条件下河床的沉积韵律，使许多原本渗漏的河道、沟谷消失或严重淤积，河道涵养水源能力降低，造成泉水补给量减少。

（3）城区扩展地面硬化，使直接补给区面积减小、入渗能力降低。城区向南部扩展，绕城高速以内的石灰岩地区地面逐步硬化，20 世纪 60 年代市区径流系数为 0.5，至 90 年代已增加到 0.9（毛晓平，2002）。2001 年城区面积与 50 年代比扩展了 $175.6km^2$。建成区地面硬化，地表径流量逐年增加（见图 6-9），直接补给区入渗补给减少。

由于人类活动的影响，与 20 世纪 60 年代相比，区域"三水"转化关系发生变化，一些转化方式消失，泉水补给量减少，丰齐—周王庄以北溢出量减少或消失，泉域地下水总资源量减少。所以，在人

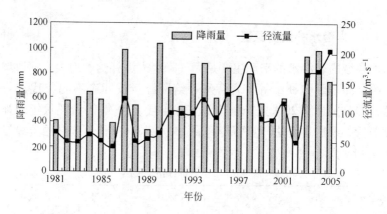

图 6-9 小清河黄台站最大径流量与降水量对比曲线

类活动影响下，济南泉域岩溶水子系统的水文地质已经发生变化，这也是现状条件下虽然关闭了泉群附近水源地但泉水位依然没有恢复到 20 世纪 50 ~ 60 年代高度的根本原因。

6.3.3 开采布局

采用数值法进行开采布局优化，模拟范围以西至马山断裂为界，北部以济南岩体和石炭、二叠系地层为界，东至东坞断裂为界，南部以寒武系中统张夏组底为界，面积 847.5km²。济南泉域裂隙岩溶水与西郊第四系孔隙水存在水力联系，将研究区含水介质分为玉符河—北沙河冲洪积扇潜水含水层和岩溶含水层两层。采用 Modflow 模型来描述和求解开采布局。非稳定流数学模型为

$$\frac{\partial}{\partial x}\left(M_i K_{ix}\frac{\partial H_i}{\partial x}\right) + \frac{\partial}{\partial y}\left(M_i K_{iy}\frac{\partial H_i}{\partial y}\right) + \frac{K_z}{M}(H_i - H_j) + Q_i = S_i\frac{\partial H_i}{\partial t}$$

$$(6-1)$$

式中　M_i——第 i 层的含水层厚度；

K_{ix}，K_{iy}——第 i 层的方向渗透系数；

H_i，H_j——第 i、j 层的水位标高；

Q_i——第 i 层的源汇项；

S_i——第 i 层含水介质的储水系数或给水度；

K_z，M——越流因子。

该模型中，$i=1$，$j=2$ 时为上层潜水含水层的水均衡方程；$i=2$，$j=1$ 时为下层岩溶水层的水均衡方程。按照 $500\text{m} \times 500\text{m}$ 的单元格将研究区剖分成 68 行、100 列，有效单元格 3382 个。

模型的识别期为 2005 年 10 月至 2006 年 9 月一个水文年，划分为 72 个应力期；模型检验采用 2006 年 10 月至 2007 年 9 月一个水文年的资料。考虑城区扩展等因素，通过模拟计算出保持四大泉群均长年喷涌（最低水位约束 27.5m）的各水源地最大开采量为 $18.1 \times 10^4\text{m}^3/\text{d}$（见表 6-2）。

表 6-2　各开采区可持续开采量

位　置	桥子李	冷　庄	古　城	市　区
开采量/$\text{m}^3 \cdot \text{d}^{-1}$	5.5×10^4	3.8×10^4	2×10^4	0
位　置	腊　山	峨嵋山	大杨庄	东　郊
开采量/$\text{m}^3 \cdot \text{d}^{-1}$	0	1×10^4	0.8×10^4	5×10^4

选择 1959~1980 年济南城区扩展速率较小时段的泉水动态资料，绘制泉水位与泉流量散点图（见图 6-10）并得到相关方程。以济南四大泉群中黑虎泉出流最高标高 27.5m 作为枯水期约束水位，根据 50 多年地下水动态长期观测资料，泉群附近枯、丰水期年平均水位变幅 2.0m 左右，故设定丰水期约束水位为 29.5m。根据图中相关方程计算，与现状年补给资源量 $53.3 \times 10^4\text{m}^3/\text{d}$ 相比，最大泉流量 $18.6 \times 10^4\text{m}^3/\text{d}$ 是能够给予保障的。

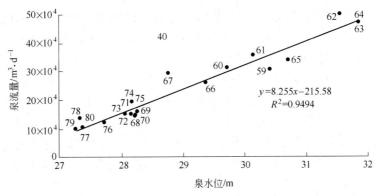

图 6-10　泉水位与泉流量关系图

7 保泉与供水研究

保泉、供水是一对对立统一的矛盾，也是一套复杂的系统工程。它既要从根本上全面解决泉水持续喷涌问题，又要以人为本，满足居民饮用优质地下水的愿望。因此济南保泉供水，应从现实出发逐步地处理开采布局、水环境保护、监测网优化、水资源增源增采等问题。

7.1 优质地下水开发与保泉对策

济南地区地下水资源可谓相对丰富，但要彻底解决泉水持续喷涌与饮用优质地下水的问题，就必须着眼于大地下水系统，综合考虑白泉泉域、济南市区泉域、长孝—平阴水文地质子系统等。

汪家权等采用三维等参有限元数学模型，计算了济南市泉群研究区域内面积 2614.23 km^2 的岩溶地下水资源。济南市泉群区域内岩溶地下水的开采量为 50.2 × $10^4 m^3/d$，在丰水年的丰水期，泉水基本能够实现喷涌，而对大多数年份来说，则几乎每年的枯水期都会出现泉群断流现象。李传谟等认为平安店水源地（包括老张庄、王宿铺等地段）岩溶水可采资源量为 20 × $10^4 m^3/d$，长清—孝里水源地（包括归德、国庄等地段）可供济南市区利用的可采资源量有 (15~20) × $10^4 m^3/d$。商广宇认为，济南市南部和西南部山区补给的济西地下水，多年平均补给量为 129.7 × $10^4 m^3/d$，地下水可开采量 116.7 × $10^4 m^3/d$，现状实际开采量 42.2 × $10^4 m^3/d$，可增采资源量 74.5 × $10^4 m^3/d$。在不影响当地用水预留备用水源的情况下，济西各水源地允许开采点是稳定可靠的替代水源。由此可见，为解决济南保泉供水，大部分专家已就采外停内这一观点基本形成共识。尽管对泉域东、西边界看法有分歧，但在主张开发利用济南西部岩溶水方面，大部分专家的看法接近统一。

保证泉水持续喷涌与饮用优质地下水的解决对策可从以下几方面

考虑：

（1）关闭市区及外围岩溶水自备井，特别是东、西郊径流区的自备井。

（2）济南西郊开采区开采量控制在 $13.1 \times 10^4 m^3/d$，关闭腊山水厂，峨嵋山、大杨庄水厂开采量控制在 $1.8 \times 10^4 m^3/d$，古城水源地控制在 $2 \times 10^4 m^3/d$，桥子李与冷庄水源地分别控制在 $5.5 \times 10^4 m^3/d$ 和 $3.8 \times 10^4 m^3/d$。该水源地虽处于济南泉域范围内，但位于远离市区的西部边缘，特别是其北部边界并非全封闭，故开采岩溶水可袭夺部分外泄水量。

（3）东郊高新区，地下水补给条件差，目前张马屯铁矿存在矿坑排水，必须关闭东园水厂、华能路水厂及黄台电厂、化纤厂等自备水源，并凿井置换排水 $5 \times 10^4 m^3/d$ 以用于供水。

（4）白泉泉群建议开采 $17 \times 10^4 m^3/d$，其中中李、裴家营、冷水沟合计开采 $10 \times 10^4 m^3/d$，武家开采 $4 \times 10^4 m^3/d$，黄土崖开采 $3 \times 10^4 m^3/d$。

（5）长清—孝里水源地（包括归德、国庄、曹楼等地段）处于济南泉域子系统外，可供济南市区利用的可采资源量为 $10 \times 10^4 m^3/d$。

（6）限制济北地区热资源过度开发，开采量不宜超过 $2 \times 10^4 m^3/d$。

（7）开发沿黄滩地河水侧渗地下水，建议在吴家堡、蒋家沟等滩地布置辐射井截渗，估算开采量为 $5 \times 10^4 m^3/d$。

（8）玉清湖、鹊山水库作为工业用水水源，而农业灌溉在节水的前提下尽可能采用浅层孔隙水。

（9）市区岩溶泉水先观后用，预计将有 $15 \times 10^4 m^3/d$ 水量可用于工农业。

（10）市区污水资源化，污水经处理后供工农业用，可用水量至少有 $30 \times 10^4 m^3/d$。

7.2　岩溶水脆弱性与水环境保护

济南泉域南部低山丘陵区灰岩大面积裸露，是岩溶水的直接补给区，局部沟谷地段被冲洪积层覆盖，但厚度较小，地表岩溶发育，污染物在该地段极易下渗而污染地下水，故该区属一级保护区，应严禁污水直接排放。同时，尽量减少一级保护区内的城市规划占地，不仅可以防止地下水遭受污染，还可以避免泉群补给量的减小。

由于水质恶化和水资源短缺，人们对地下水资源的保护日益重视，并开始研究地下水脆弱性（vulnerability）。地下水脆弱性评价是地下水环境保护与决策的有力工具，国外提出了 30 多种计算脆弱性指数的模型，如 Vierhuff 法、DRASTIC 模型、GOD 模型、SIGA 模型及 Legrand 模型等，但是这些模型主要适用于孔隙水地区，而对岩溶地区的适应性较差。2003 年欧盟科学技术委员会提出岩溶水含水层脆弱性评价欧洲模式（European Approach），该模式有 PI 法、VULK 法、LEA 法、COP 法和 Time – Input 法等五种评价方法。下面采用 COP 法对济南泉域岩溶水系统的脆弱性进行评价，并划分保护区分级。

7.2.1　COP 方法及其应用

COP 法基于汇流 C（Concentration flow）、上覆岩层 O（Overlying layers）和降水 P（Precipitation）三大评价体系。

7.2.1.1　上覆岩层因子 O

欧洲模式将非饱和带细分为表层土、次表层土、非岩溶岩石和非饱和带石灰岩 4 层。基于对济南地层的分析以及所掌握的钻孔资料，确定评价因子 O 如下。

（1）土壤参数 O_s。土壤层对地下水具有自净处理功能，其 O_s 取值由土层的质地和厚度决定（见表 7 – 1）。

表 7 – 1　土壤参数 O_s 取值表

厚度/m	亚黏土	粉质黏土	壤　土	砂类土
>1.0	5	4	3	2
0.5 ~ 1	4	3	2	1
<0.5	3	2	1	0

（2）非饱和带岩性指标 O_L（Lithology of the unsaturated zone）。非饱和带岩性及厚度指标 O_L 可取三个参数对其进行量化：岩性和裂隙 l_y、厚度 m、含水层的承压性 C_n。O_L 值由下式获得：

$$O_L = L_I C_n \qquad (7-1)$$

式中 L_I ——岩层指标，其关系式为：

$$L_I = \left[\sum (l_y m) \right]$$

l_y ——岩石类型评价和裂隙发育的级别评分（见表7-2）；

C_n ——含水层赋存条件指标评分（见表7-3）。

表7-2　岩性与裂隙因子 l_y 评分表

泥岩	砂岩	少裂隙变质岩和火成岩	泥质灰岩	裂隙发育变质岩和火成岩	胶结砾岩、角砾岩	有裂隙砂岩	半胶结砾岩、角砾岩	砂砾岩	有裂隙碳酸岩	石灰岩
1500	1200	1000	500	400	100	60	40	10	3	1

表7-3　含水层赋存条件指标 C_n 评分表

承　　　压	半承压	无　　压
2	1.5	1

非饱和带岩性指标 O_L 评分见表7-4。

表7-4　非饱和带岩性指标 O_L 评分表

L_I 岩层指标	0~250	250~1000	1000~2500	2500~10000	>10000
O_L 评分	1	2	3	4	5

则上覆岩层因子 O 可按下式计算：

$$O = [O_s] + [O_L] \qquad (7-2)$$

上覆岩层因子 O 分级如表7-5所示。

表7-5　上覆岩层因子 O 分级表

O 评分	1	2	2~4	4~8	8~15
防护级别	很低	低	中等	高	很高

依据表7-5绘制的上覆岩层因子 O 分区图如图7-1所示。

图 7-1 非饱和带保护性能分区图

7.2.1.2 汇流因子

汇流因子考虑四个变量：到落水洞的距离 d_h、到渗漏河道的距离 d_s、地形坡度 s 和植被。距离落水洞越远其保护功能越强，d_h 取值见表 7-6；对于大沙河及玉符河等渗漏河道，随着到渗漏河道的距离加大，其保护功能倍增（见表 7-7）；植被的缺失及其密度根据遥感解译资料来定；地形坡度采用 TIN 数据采集而得；将植被分布和地形坡度按照表 7-8 赋值于 S_v 并分类，进而得出坡度和植被叠加图层。

表 7-6 落水洞距离 d_h 评分表

距离/m	评 分	距离/m	评 分
≤500	0	(3000~3500]	0.6
(500~1000]	0.1	(3500~4000]	0.7
(1000~1500]	0.2	(4000~4500]	0.8
(1500~2000]	0.3	(4500~5000]	0.9
(2000~2500]	0.4	>5000	1
(2500~3000]	0.5		

表7-7 渗漏河道距离 d_s 评分表

距离/m	评 分
<10	0
10~100	0.5
>100	1

表7-8 植被与地形坡度评分值 S_v

坡度/%	植 被	S_v 值
≤8	—	1
(8~31]	是	0.95
	否	0.9
(31~76]	是	0.85
	否	0.8
>76	—	0.75

因子 C 的值按下式计算:

$$C = d_h d_s S_v \qquad (7-3)$$

根据济南泉域的特征,在直接补给区石灰岩分布范围内,常年有水的河流少,因此,远离河道、落水洞地段,按照岩溶发育程度表7-9、植被与坡度评分表7-10将公式(7-3)修正为:

$$C = S_f \cdot S_v \qquad (7-4)$$

表7-9 裂隙岩溶发育程度 S_f

岩溶发育特征	表层特征		
	缺失	透水	不透水
强发育岩溶	0.25	0.5	0.75
较强发育或裂隙发育	0.5	0.75	1
裂隙岩溶	0.75	0.75	1
岩溶不发育	1	1	1

依据公式(7-3)和公式(7-4),得到因子 C 分区值(见表7-11);依据表7-11绘制汇流区分区图(见图7-2); C 值越高,其保护能力越差。

表 7 – 10　研究区植被与地形坡度评分值 S_v

坡度/%	植被	S_v 值
≤8	—	0.75
(8~31]	是	0.8
	否	0.85
(31~76]	是	0.9
	否	0.95
>76	—	1

表 7 – 11　因子 C 与保护能力分级表

C 评分	[0~0.2]	(0.2~0.4]	(0.4~0.6]	(0.6~0.8]	(0.8~1]
保护能力	很高	高	中等	低	很低

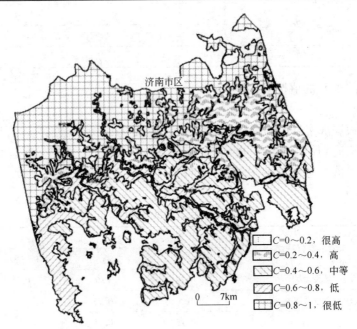

图 7 – 2　汇流区分区图（C 图）

7.2.1.3　大气降水因子 P

因子 P 主要反映降水特征，由多年平均降水量和降水强度两个次级因子来评估。济南泉域多年平均降雨量为 646mm，由表 7 – 12 知降雨量参数 $P_Q = 0.3$；降水强度由多年平均降水量除以多年平均年降水天数（济南多年平均年降水天数 77 天），故降水强度为 9.23mm/d，由表 7 – 13 知降水强度参数 $P_I = 0.6$。因子 P 的值则由降水量参数和降水强度参数相加得到，即 $P_{score} = 0.9$。查表 7 – 14 可知，因子 P 保护性能属于"非常低"级别。

表 7 – 12 年降水量因子 P_Q 分级

降雨量/mm·a^{-1}	>1600	(1200 ~ 1600]	(800 ~ 1200]	(400 ~ 800]	≤400
P_Q 取值	0.4	0.3	0.2	0.3	0.4

表 7 – 13 降水强度 P_I 分级

降雨强度/mm·d^{-1}	≤10	(10 ~ 20]	>20
P_I 取值	0.6	0.4	0.2

表 7 – 14 因子 P 与保护能力分级

P 评分	0.4 ~ 0.5	0.6	0.7	0.8	0.9 ~ 1
保护能力	很高	高	中等	低	很低

7.2.1.4 脆弱性指标值（COP）计算

地下水脆弱性评价指标 COP 采用因子 O、C、P 的乘积，即：

$$COP = C \cdot O \cdot P \tag{7-5}$$

依据 COP 分级表 7 – 15，绘制济南岩溶水脆弱性评价分区图（见图 7 – 3）。

表 7 – 15 脆弱性指标 COP 分级表

COP 指标	0 ~ 0.5	0.5 ~ 1	1 ~ 2	2 ~ 4	4 ~ 15
脆弱性级别	非常高	高	中等	低	非常低

7.2.2 评价结果分析

7.2.2.1 评价结果

应用 ARCGIS 9.0 软件的叠合功能，将 COP 法评价结果分成 5 个

济南市区

很高区
高区
中等区
低区
很低区

0　7km

图 7 - 3　岩溶水脆弱性分区图

等级：含水层脆弱性很高区和高区呈条带状分布在岩溶裂隙非常发育的下奥陶~上寒武的裸露石灰岩地区和玉符河、北沙河等河谷地带，这表明济南泉域的含水层整体易污性强，很容易受到地表的污染；脆弱性中等区主要分布在泉域南部山涧谷地，占泉域面积的 10.2%；脆弱性低区主要处于在寒武系地层分布区，占泉域面积的 7.6%；脆弱性很低区主要分布在地形平坦的第四系及闪长岩覆盖区，占泉域面积的 20.4%。

7.2.2.2　存在问题及解决方法

COP 法评价结果从总体上看与区域水文地质条件吻合，将承压区划分为脆弱性很低区的结论也正确。但研究区内承压含水层顶板有第四系及闪长岩两类，在承压区范围的土壤（O_s）、非饱和带岩性指标（O_L）、到落水洞的距离（d_h）、到渗漏河道的距离（d_s）、地形坡度（s）、植被（V）、年降水量（P_Q）和降水强度（P_I）等因子对防污性能的影响远小隔水层厚度和隔水层岩性的影响，因此，在承压区采用 COP 法的划分方式不便于地下水保护措施的实施。

为此，根据 2001～2004 年水化学分析资料计算地下水污染程度分级，并采用试算法获得承压含水层埋深（D）、水力传导系数（C）、隔水顶板岩性（A）和隔水层厚度（T）4 个因子用以评价承压含水系统脆弱性（见表 7 - 16）。该评价方法以 $DCAT$ 表示防护能力指标值，称为 DCAT 指标法，其计算公式为：

$$DCAT = 0.22D_i + 0.28C_i + 0.22A_i + 0.28T_i \qquad (7-6)$$

式中，D_i、C_i、A_i、T_i 分别为含水层顶板埋深、水力传导系数、隔水顶板岩性和厚度的评分值。

表 7 - 16 承压区抗污染性能分级表

含水层顶板埋深 D/m			水力传导系数 C/m·d^{-1}			隔水层岩性 A			隔水层厚度 T/m		
分级	评分（D_i）	权重	分级	评分（C_i）	权重	分级	评分（A_i）	权重	分级	评分（T_i）	权重
$D \leqslant 10$	10		$C \leqslant 4.1$	1		粉质黏土	10		缺失	10	
$10 < D \leqslant 20$	9		$4.1 < C \leqslant 12.2$	2		胶结砾岩泥岩	9		$0 < T \leqslant 2$	9	
$20 < D \leqslant 30$	8		$12.2 < C \leqslant 28.5$	4		黏土	6		$2 < T \leqslant 5$	8	
$30 < D \leqslant 50$	7	0.22	$28.5 < C \leqslant 40.7$	6	0.28	砂页岩	4	0.22	$5 < T \leqslant 10$	7	0.28
$50 < D \leqslant 70$	6		$40.7 < C \leqslant 81.5$	8		辉长岩	2		$10 < T \leqslant 20$	6	
$70 < D \leqslant 90$	5		$C > 81.5$	10					$20 < T \leqslant 30$	5	
$90 < D \leqslant 110$	3								$30 < T \leqslant 60$	3	
$D > 110$	1								$T > 60$	1	

按照 $DCAT$ 值划分 5 级：$DCAT \leqslant 2$，防护能力很好；$2 < DCAT \leqslant 4$，防护能力好；$4 < DCAT \leqslant 6$，防护能力中等；$6 < DCAT \leqslant 8$，防护能力差；$DCAT > 8$，防护能力很差。根据 $DCAT$ 指标法计算，将脆弱性很低区的防护能力划分为 5 级（见图 7 - 4），这种划分便于有针对性地制定水环境保护对策。

从济南岩溶水子系统脆弱性评价结果可以得到如下认识：

（1）分析水文地质条件是地下水脆弱性的关键，COP 法与 DCAT

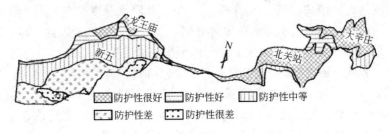

图 7-4 承压区防护能力分区图

法结合运用可以区别不同地段地下水的脆弱程度，为岩溶水保护提供依据。

（2）COP 法与 DCAT 法所选取的评价指标具有代表性强、易获取、可量化的特点，评价方法具有可操作性，适合于含水层本质脆弱性的评价。

（3）济南泉域岩溶水系统模型的应用表明，在评价指标体系确立之后，GIS 技术是脆弱性评价的重要工具，未来 GIS 技术与地质统计学、地下水运移模型结合运用将会使地下水脆弱性评价方法进一步完善。

综上分析，为保护济南泉水，必须加强地下水水质监测网，以便于准确把握地下水水质状况的准确信息。地下水水质监测网具有重要功能为：供水水源保护的早期预警、监测污染物浓度的上升趋势、评价污染治理措施的效果、验证污染风险评价结果、校正污染物运移的数值模型、示踪地下水流、诊断地下水环境变化等。通过建立地下水水质监测网，还可为地下水污染风险分析提供依据。

7.3 城市规划建设与泉水保护

7.3.1 城市规划布局与泉水保护

近 30 年来，济南市城市规模发展迅速，南部山区涵养水源能力逐渐降低，水库供水、河道断流、地面硬化对泉水补给造成不同程度影响。城镇化建设对泉水影响表现为城市面积逐渐增加，泉域岩溶水直接补给区面积相应减少。根据多时相遥感解译，1954 年济南城区位于直接补给区的面积仅 1.985km², 至 21 世纪初已较 20 世纪 50 年代扩展 52.155km²。城镇化南扩速度最快时间段为 20 世纪 80 年代以后 (见图 7-5), 且主要扩展至南部奥陶系灰岩区, 如东郊高新技术产业开发区、中井、荆山、羊头峪、八里洼、太平庄—土屋、金鸡岭、十六里河、七贤镇、腊山一带, 绕城高速路以内区域已基本被规划为各类开发区。直接补给区渗漏补给面积正在逐渐减少, 地面硬化, 降低了地下水入渗能力, 诸多渗漏区成为永久性不渗漏区。根据计算, 在平均降水年份里, 与 20 世纪 60 年代相比, 现今由于城区扩展影响而减少的补给量约为 $5 \times 10^4 \mathrm{m}^3/\mathrm{d}$。

　　济南是 "泉水之都", 济南的发展离不开 "泉水", 要保护和发扬泉城特色, 必须正确处理城市化建设和历史文化名城保护的关系, 必须加强泉水保护, 以保持泉水常年喷涌为目标, 突出泉城特色。因此, 当前必须做好西部城区、东部城区、北跨区和南部山区的城市规划及水环境保护工作。

7.3.1.1　西部城区

　　西部城区位于归德—五峰山以北, 党家以西, 黄河以南; 本区属于玉符河、北沙河和南沙河流域。

　　玉符河以西, 潘村—北汝—长清以南, 崔马—崮山拦河坝—朱庄以北是济南泉域的岩溶水补给区, 本区位于山前倾斜平原的前缘地带, 上覆第四系颗粒粗大, 易于大气降水入渗, 部分地段灰岩裸露, 又有玉符河、北沙河在区内通过, 故本区是强渗漏带。

　　区内的长清大学园区总体上四面环山, 西北和东部均有出口, 中间分布北沙河河谷, 两侧向中间形成了剥蚀残丘 - 山前倾斜平原 - 河谷 (阶地) 地貌类型单元。地形趋势由东南向西北倾斜, 区内冲沟发育。大学城中部, 北大沙河河床宽度变化大, 一般在 80 ~ 300m, 最大深度 21m, 沿北沙河分布砂砾石层, 河水渗漏严重。王府庄大沟、池子大沟分别与北大沙河相交, 王府庄大沟全长约 7500m, 宽度 50 ~ 100m, 切割深度小于 10m。第四系地层由黏性土和砂砾石组成, 分布于山前倾斜平原及山麓斜坡上, 厚度变化大, 上更新统层位稳定, 一般为 30 ~ 60m。岩性为棕黄、黄褐色粉土, 黄棕、棕褐色粉质

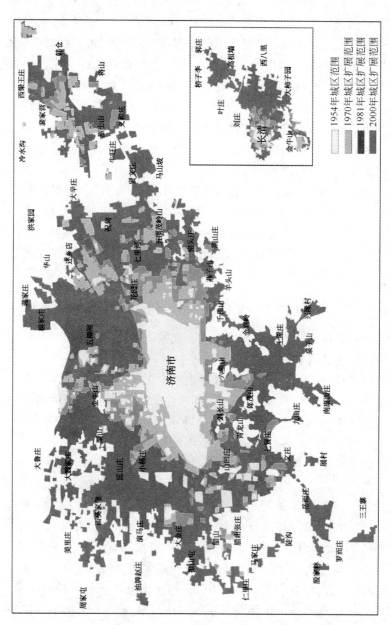

图 7 - 5 城区扩展范围图

黏土及中粗砂、细中砂，局部夹有砂砾石层透镜体。靠近山前岩性为红棕色含砾石、钙质结核的砂质黏土，上部柱状结理和大孔隙较发育。全新统主要分布在北大沙河的河漫滩之上及河床内。岩性为粉土、粉细砂及中粗砂砾石层，厚度小于30m。残丘、丘陵分布在大学城四周，灰岩裸露，第四系下覆地层主要是凤山组、奥陶系中下统的冶里组、亮甲山组及下马家沟组一、二段灰岩。

崔马—渴马、池子—前大彦—东辛以南地段裸露张夏组岩溶含水岩组，易于接受大气降水的直接补给和北沙河与玉符河的河水补给。玉符河、北沙河河床砂砾石层厚度较大，底部无良好隔水层，砂砾石层与下伏寒武系张夏组灰岩直接接触。张夏组灰岩浅部岩溶裂隙较发育，根据多年观测，河道单位渗漏量最大达 $(1.1 \sim 1.8) \times 10^4 \mathrm{m}^3 / (\mathrm{d} \cdot \mathrm{km})$。归德—长清—务子—潘村—罗而一带，分布凤山组-奥陶系碳酸盐岩裂隙岩溶水含水层，是岩溶水直接补给区。石灰岩、白云质灰岩岩溶裂隙较发育，地下水位埋深35～45m，年变幅5～10m。总体上本区入渗条件良好，奥陶系灰岩降水入渗系数为0.45。

本区岩溶裂隙水接受大气降水的直接补给和北大沙河与玉符河河水汛期的渗漏补给，总体向北西径流。2004年枯水期，炒米店—北汝地下水水力梯度为7.5%，齐庄—北汝水力坡度达1.97%，地下水水动力条件循环较强烈。

西部城区下游有桥子李、冷庄、古城、大杨庄水源地，长清以西有拟建坟台—国庄水源地。西部城区建设和地面硬化，减少了入渗补给，直接造成下游水源地补给源减少。本区属于生态环境敏感脆弱区，人类活动加剧，使周边地区入渗能力不断降低。此外，规划区污水下渗不可避免，下游水源地也将受到巨大威胁。因此该区开发建设应在火成岩、煤系地层以北为宜，即段店—西红庙—大杨庄—担山屯—平安店以北地段。

7.3.1.2 东部城区

东部城区位于港沟—彩石以北地区，属于白泉泉域，由于水文地质条件的差异，济南市的东拓、西进对地下水影响也不相同。胶济线以南的东部城区总体上位于剥蚀残丘—山前倾斜平原过渡区，主要地层为奥陶系亮甲山组和马家沟组四段。凤凰山片区、汉峪片区、章锦片区、彩石片区、唐冶地块、莲花山及鲍山东地块等七个地段及其附近分布奥陶系石灰岩裸露区，部分奥陶系灰岩被薄层第四系覆盖，汉峪片区南部少量出露寒武系上统竹叶状灰岩，孙村片区的奥陶系灰岩被第四系覆盖，只有大正地块下伏石炭系地层。唐冶地块和孙村片区内分布唐冶岩盘和顿丘岩盘，在唐冶与顿丘村附近有小面积的出露，但大部分被第四系地层覆盖。钻孔揭露唐冶岩盘厚度小于200m，穿插于奥陶系石灰岩之中。顿丘岩盘西北角深度510m处揭穿火成岩。

东部城区中南部地段的岩溶地下水，主要接受大气降水入渗补给和丰水期河水渗漏补给。据2004年枯水期水位观测，孙村—岔河地下水水力梯度为1.5%，港沟—唐冶水力坡度达1.1%，地下水径流条件良好，地下水水动力条件循环较强烈，总体向北西径流。东部城区中下游是白泉—武家水源地，因此，市东路两侧大面积规划建设必然直接影响白泉—武家水源地水资源的开采。

济南东郊是重工业基地，由于工业"三废"排放，地下水已经受到不同程度污染，如裴家营一带孔隙水质量为V级，矿化度为1273.63mg/L，硬度为832mg/L；滩头一带硬度为603.37mg/L。深层岩溶地下水多年来一直存在点状污染，如2002年监测济钢动力车间供水井Cl离子含量大于1000mg/L，2004年监测烈士山一带硬度超标等。因此，东部城区建设宜选在地下水排泄区下游，石炭二叠系和第四系黏性土厚度大的地区，如董家—武家—流海—孙村以北地区。

7.3.1.3 城市北跨可行性分析

在济南自然地理格局中，黄河制约着济南向北发展空间，随着济南城市规模壮大，济南市北跨已是必然趋势。黄河以北、济阳县城以南的范围，未来将会成为济南中心城区的重要组成部分。

A 工程地质条件

黄河以北为黄河冲积平原区，地形地貌简单，地势平坦；第四系厚度从几十米至几百米不等，岩性为粉土、粉质黏土、粉砂等；含水层岩性以粉砂为主，富水性较差，单井涌水量一般在1000m³/d左右，工程水文地质条件一般。该区域为土体单元结构区，松散层堆积厚度较大，且浅部有软土分布，地基承载力一般在 100kPa 左右；沿黄河地带软土厚度较大，地基承载力一般低于 100kPa，岩土体工程地质条件较差。根据济南市地质灾害防治规划，该地段位于地质灾害不易发区，地下水位埋深浅，地形坡度小于 5°。综合评判认为，该区域基本适宜城市建设。但黄河附近软土厚度大，工程建设适宜性差，由于粉土及粉砂层的存在，工程建设须对地震引起的砂土液化进行设防。在济阳县西南一带，在 0 ~ 30m 深度内，表土层可分为两个工程地质层：第一工程地质层为粉土，厚度在 15.0m 左右，湿 ~ 饱和，稍密 ~ 中密，质纯无杂质，有锈染，振动宜析水，具有中等压缩性，在济阳县城一带间夹薄层淤泥质土，灰 ~ 灰黑色，可塑偏软，饱和，黏性较强，属中等偏高压缩性土；第二工程地质层为粉质黏土，分布广泛，呈浅黄色、褐黄色，具有中等压缩性。本区工程建设应注意砂土液化、淤泥质土、煤矿开采诱发地裂缝与地面塌陷等地质环境问题。

B 水文地质条件对北跨的制约

济阳地区 500m 以浅地下水赋存和运移于第四系及新近系松散堆积物的孔隙中，可分三种基本类型。（1）浅层潜水 – 微承压水含水岩组，底板埋深一般为 10 ~ 30m，古河道地段大于 30m，含水岩组岩性主要为粉砂、粉土，地下水径流缓慢，富水性一般。水位埋深一般 3 ~ 5m，古河道地带单井涌水量较大，富水性各处差异较大（见图 7 – 6）。（2）中层承压咸水含水岩组，含水层顶板埋深 10 ~ 50m，底板埋深 200m 左右。地下水矿化度一般为 2 ~ 5g/L，高者可达 10g/L 以上，由于水质较差，目前没有开采利用。（3）深层淡水含水岩组顶板埋深 200 ~ 300m 左右，底板埋深 450 ~ 500m，岩性为中砂、细砂及粉砂，局部地段夹粗砂含水层。深层淡水含水岩组层数多，富水性差异较大，一般单井涌水量在 500 ~ 1000m³/d，矿化度多在 1 ~ 2g/L。

通过单项指标评价结果分析，济阳县浅层（5 ~ 15m）第四系孔隙水作为生活饮用水，水质较差，总硬度、矿化度、Mn、SO_4^{2-}、NO_3^- 的含量超出 Ⅲ 类生活饮用水标准。水质较差区主要分布在徒骇河两岸、黄河沿岸、曲堤镇东南大部以及辛棚店—孙家一线，面积约 754km²，占全县面积的 70%。水质极差区主要分布在济阳北部和中

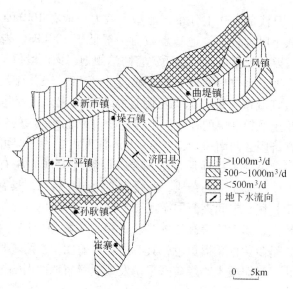

图7-6 济阳县浅层水水文地质略图

部王家集—寺前刘—二太平一线，以及南部孙耿镇垃圾处理厂周围和回河—刘岗子一线，面积约322km²，占全县面积的30%。

　　水资源是人们赖以生存的基本条件之一，也是制约城市发展的主要因素，故城市的发展规划必须考虑供水问题。济南城市北跨区域产业结构应与当地地质背景相结合，区域供水应充分开发利用浅层淡水资源和黄河客水，防止与中心城区争水。

　　C　北跨区的优势地质资源

　　地热资源是一种绿色能源和可再生能源，可广泛用于采暖、洗浴理疗、温室养殖、孵化、加温、烘干等领域，有其他能源不可替代的优势。近几年来的勘察研究成果证实，济南北部蕴藏有丰富的地热资源，北跨区域正处于地热田范围内，对开发利用地热资源有着得天独厚的条件。

　　根据区域地质资料，济北地热田属低温型地热田，地热资源丰富。热储层为奥陶系灰岩，由于埋藏深度的差异和断裂构造的影响，热储层的物理性质和计算参数存在一定的差异。在济南岩体外围的灰岩条带上，奥陶系灰岩直接与新生界接触，灰岩顶板埋深200～

400m，地热井孔口水温37℃（CK_{1-0}）；灰岩条带以北广大区域，奥陶系灰岩被石炭、二叠系所覆盖，盖层厚度从南向北逐渐增加，顶板埋深400~2000m，地热井孔口水温33~57℃。在热储埋深2000~3000m区域，上覆盖层厚度进一步增大，地温梯度虽有所减小，但热储温度却随深度增加而升高。

济南北部地热田中的奥陶系石灰岩层状裂隙岩溶型热储，其顶板埋深由南向北从200m起至齐广断裂南侧已增至近3000m，水温35~60℃，TDS一般大于5.0g/L，成井深度为1000~2000m。一般揭露热储后自流，易于开采，且就地开采利用，避免了远距离输送所产生的热损失，能够最大限度地发挥地热能作用。从目前开采技术条件和经济效益两方面考虑，可将该地热田划分为经济型和次经济型地热资源开采区。

经济型地热资源开采区的热储埋深小于2000m，便于开采，经济效益好。以500m埋深差为界可将其进一步划分为四个亚区：Ⅰ亚区位于地热田南部灰岩条带和东部桃园—董家一带，热储顶板埋深小于500m，适宜成井深度小于700m，推测热储温度为25~40℃；Ⅱ亚区位于灰岩条带外围齐河石门张—旧齐河—北郊林场—靳家—鸭旺口地段且呈近东西向带状展布，热储顶板埋深500~1000m，适宜成井深度700~1200m，推测热储温度为40~50℃；Ⅲ亚区位于八里庄—焦斌—表白寺—孙耿—清宁—遥墙机场以北地区，呈弧形带状分布，热储顶板埋深1000~1500m，适宜成井深度1200~1700m，推测热储温度为50~65℃；Ⅳ亚区位于齐河县城附近，热储顶板埋深1500~2000m，适宜成井深度1700~2200m，推测热储温度65~80℃。

次经济型地热资源开采区，热储埋深2000~3000m，开采技术条件较困难，经济条件不合理。

虽然，济北地区蕴藏丰富地热资源，但是过量开采不仅会造成资源枯竭，同时也会袭夺南部岩溶水。

7.3.2 重大工程建设与泉水运移通道的保护

在平面上，城区扩展会影响地下水的入渗补给；在垂向上，工程建设的深度则可能对地下水径流造成不同程度影响。南部山前地下水补给径流区，水位埋深大，工程建设不会造成地下水径流通道的变化；但济南城区内，水位埋深与石灰岩含水层埋藏浅，深基础施工不当便会不同程度影响地下水径流途径，造成部分名泉流量减小。因此，工程建设在垂向上的埋置深度是判断对泉水造成影响与否的主要因素。

7.3.2.1 工程建设对泉水影响因素

工程建设对泉水影响因素的选择是进行预测评价的一个关键，所以既要考虑所选因素的适应性、准确性、简练性、可取性等特点，又要考虑地质条件的复杂多变性。根据泉群出露特点，选择时主要应考虑地质构造、水文地质条件、隔水层性能和施工深度等方面的因素。

A 地质构造

地质构造主要指的是断裂构造，它是主要控制因素之一，具体表现在以下三个方面：（1）断裂构造的存在破坏了隔水层的完整性，降低了岩体本身的强度，削弱了底板隔水层防护的能力；（2）断层上下两盘错动的结果缩短了地铁等重大建筑物与含水层之间的距离，或使隔水层部分或全部失去隔水性能；（3）断裂构造与裂隙的存在，导致一定厚度的断层或断裂破碎带存在，成为导水通道，当工程建设接近该断裂带时，将会导致承压水的直接涌出，造成对泉水的影响。因此，裂隙、断层、砾岩、溶洞位置深度等地质构造越复杂地段，工程建设的适宜性越差。

B 水文地质条件

正确认识工程建设场区的水文地质条件，是分析工程建设是否对泉水造成影响的关键因素之一，其前提是查明泉水的补给来源以及不同含水岩组的水力联系。

为掌握岩溶水、孔隙水、裂隙水之间的水力联系，在市区文化路—泺源大街—泉城路—明湖路一带进行水质分析检测，发现岩溶水、孔隙水、裂隙水水质特征不同，水化学成分差别较大，说明岩溶水与孔隙水和裂隙水具有不同的补给来源，水循环条件各异。

岩溶水矿化度一般为 510 ~ 620mg/L，全硬度为 300 ~ 367mg/L，水化学类型一般为 $HCO_3 - Ca$ 型，各地段岩溶水水化学成分变化不大，水质相对比较稳定；孔隙水矿化度一般为 879~1397mg/L，水化学类型十分复杂，既有 HCO_3-Ca 型，又有 $HCO_3 \cdot SO_4-Ca$ 型、$HCO_3 \cdot Cl-Ca$ 型、$HCO_3 \cdot SO_4-Ca \cdot Na$ 型、$HCO_3 \cdot SO_4 \cdot Cl-Na \cdot Ca$ 型，水质差，不同地段孔隙水水化学成分变化较大；裂隙水水质变化最大，矿化度介于 346~1190mg/L，水化学类型十分复杂，HCO_3-Ca 型、$HCO_3-Ca \cdot Mg$ 型、$HCO_3 \cdot Cl-Ca \cdot Na \cdot Mg$ 型、$HCO_3 \cdot Cl-Ca$ 型、$HCO_3 \cdot SO_4-Ca \cdot Na$ 型、$HCO_3 \cdot SO_4 \cdot Cl-Ca \cdot Na$ 型及 $SO_4 \cdot Cl \cdot HCO_3-Ca \cdot Na \cdot Mg$ 型等多种类型并存。

例如，泉城路的县西巷孔组，孔隙水中 Cl^- 含量达 130.34mg/L，是岩溶水的 3.83 倍，SO_4^{2-} 含量为 450.68mg/L，是岩溶水的 7.07 倍，矿化度为 1264.83mg/L，明显高于岩溶水，说明孔隙水受到较严重污染；裂隙水的水化学成分稍低于孔隙水。又如趵突泉公园北门孔组的孔隙水中 Cl^- 含量达 146.35mg/L，是岩溶水的 3.91 倍，SO_4^{2-} 含量为 170.71mg/L，是岩溶水的 3.95 倍，NO_3^- 含量为 93.78mg/L，是岩溶水的 3.50 倍，矿化度为 1397.55mg/L，也明显高于岩溶水，说明孔隙水也受到生活污水污染。裂隙水的矿化度为 368.11mg/L，比岩溶水还低，各种离子含量均较低，但其水化学类型为最复杂的 $SO_4 \cdot Cl \cdot HCO_3-Ca \cdot Na \cdot Mg$ 型。放入额定流量 $4m^3/h$ 的潜水电泵进行抽水试验时，抽水开始后不到 2min 便需吊泵，水位恢复十分缓慢，说明裂隙不发育。这反映出在老城区大部分交通干线附近，岩溶水与孔隙水水力联系不明显。

由于孔隙水与裂隙水存在水力联系，故其水位标高相近；但岩溶水水位标高与裂隙水、孔隙水则存在较大差距，其中水位差最小的是县西巷孔组，岩溶水水位比孔隙水低 0.361m，水位差最大的是位于和平路的老地校南门孔组，岩溶水水位比裂隙水水位低 14.836m。三者总体规律是：在泉群出露区附近，由于地形较平坦，孔隙水与裂隙水水位变化不大，岩溶水与它们的水位差较小；远离泉群出露区，地形变化较大，孔隙水与裂隙水水位受地形影响有较大抬升，而岩溶水水位受地形影响较小，造成岩溶水与裂隙水和孔隙水的水位差较大，岩溶水水位明显低于孔隙水和裂隙水水位。

城区奥陶系灰岩含水层的富水性、水压等水文地质要素，反映了底板含水层的水文地质情况，突水量的大小决定了影响的程度，水压则是造成底板涌水的力学条件。当裂隙通道形成后，水压的作用主要是克服导水通道的阻力。水压越大、水量越丰富、通道越畅通、水源越充足，对泉水的影响可能也就越大。

C　底板隔水层

底板隔水层是唯一起阻水作用的主要影响因素。阻隔能力的大小主要取决于隔水层厚度、岩石的力学性质以及隔水岩层的完整性。在其他条件一定的情况下，隔水层厚度越大，强度越高，对泉水产生影响的概率也就越小。

D　埋置深度

建（构）筑物埋置深度对泉水的影响是通过对隔水层、富水性、裂隙与构造等几方面因素的作用而表现出来。一方面，随着施工深度的增加，原始的平衡状态被打破，原始地应力进行重新分布，底板隔水岩层可能因此受到破坏；另一方面，基础埋置深度一旦进入灰岩含水层，就会造成岩溶水过水断面面积的减小。

7.3.2.2　工程建设适宜性评价

为缓解城市交通压力，根据城市规划，拟建济南市轨道交通工程。与普通工民建相比，轨道交通工程埋置深度较大，其对泉流量的影响主要表现在地下水过水断面的减小和地下工程建设对于地下水运移途径的破坏。由于市区四大泉群分布相对集中，主要分布在趵突泉公园、五龙潭公园、珍珠泉公园和南护城河沿岸，因此，应按照线路特点评价轨道交通建设的适宜性。

A　评价因子选取

主要交通干线的轨道交通建设适宜性主要根据闪长岩相对隔水层的防护能力、碳酸盐岩顶板埋深、岩溶水的水位埋深及水压、物探解译闪长岩裂隙发育程度等方面进行综合评定划分。

轨道交通工程底板闪长岩相对隔水层的防护能力采用阻水系数法进行评价。由于线路底板主要岩性为闪长岩，岩体抗压强度采用市区岩土工程地质勘察资料的试验结果，计算阻水系数 $Z = 0.13MPa$。根据泉城路一线揭露的地层结构，趵突泉北门附近灰岩顶板埋深54m

左右，青龙桥附近灰岩顶板埋深 54.7m 左右，市区水位取 20 世纪 60 年代最高水位，则泉城路沿线灰岩顶板承受水压为 0.555MPa。根据矿区经验，隧道底板导升高度取 15m，计算闪长岩有效隔水层厚度约为 19m。根据已有钻孔资料，绘制闪长岩有效隔水层厚度为 19m 的等值线，并将该线作为轨道交通线路工程建设适宜性分级界线。

岩溶水的水位埋深是判别工程建设是否对泉水产生影响的主要指标。轨道交通线路底板埋深通常为 16m，考虑路基下切影响，将轨道交通线路影响深度下限定为 18m。同样，将岩溶水水位埋深 18m 等值线作为轨道交通线路工程建设适宜性分级界线。

在饮虎池—趵突泉、圣凯—黑虎泉一带，闪长岩缺失，灰岩埋深较浅，一般小于 15m，工程建设将对岩溶裂隙造成影响，而且施工排水困难，因此，可将这两个地带划为轨道交通线路工程建设不适宜路段。

轨道交通线路工程建设适宜性分区评价标准分级如表 7－17 所示。

表 7－17　工程建设适宜性分区评价标准分级表　　（m）

评价因子		有效隔水层厚度（M）	灰岩顶板埋深（D）	岩溶水水位埋深（H）	减少岩溶含水层厚度（J）	闪长岩厚度（δ）
适宜区	Ⅰ－1	$M \geqslant 19$			$J = 0$	
	Ⅰ－2	·		$H \geqslant 18$	$J = 0$	
较适宜区	Ⅱ－1	$0 < M < 19$	$D \geqslant 18$	$H < 18$	$J = 0$	
	Ⅱ－2	$0 \leqslant M < 19$	$D < 18$	$H < 18$	$0 \leqslant J < 3$	
不适宜区	Ⅲ	$M = 0$	$D < 18$	$H < 18$	$J > 3$	$\delta = 0$

B　适宜性评价

基于以上约束要素，将核心区主要交通干线的轨道交通适宜性划分为三个等级：适宜路段、较适宜路段及不适宜路段。

针对核心区各主要交通干线而言，因其所处位置及其走向的不同，以致各交通干线或同一线路不同路段的轨道交通适宜埋置深度也多有差异。在现有勘察精度条件下，主要交通干线各路段埋置深度建议如下：

（1）明湖路一线，全线路为 Ⅰ－1 路段（适宜路段）。

（2）泉城路一线，分为Ⅰ-1路段和Ⅱ-1路段。Ⅰ-1路段包括省府前街以西和青龙桥以东，其轨道交通适宜埋置深度应为40m以浅；Ⅱ-1路段位于省府前街至青龙桥之间，其轨道交通适宜埋置深度应为18m以浅。

（3）泺源大街一线，分为Ⅰ-1路段、Ⅱ-1路段、Ⅱ-2路段和Ⅲ路段。

Ⅰ-1路段包括金龙大厦以西、山师东路与和平路交叉口以东的路段，泉城广场科技馆一带。其中，山师东路至历山东路段及金龙大厦一带，轨道工程适宜埋置深度为25~40m以浅；其余路段轨道交通适宜埋置深度为40m以浅。

Ⅱ-1路段分布在金龙大厦—山师东路与和平路交叉口之间路段，共有五个独立的部分，轨道交通适宜埋置深度应为18m以浅。

Ⅱ-2路段主要分布在泺源大街与历山路交叉口一带，轨道交通适宜埋置深度应为15m以浅。

Ⅲ路段的部分路段，即趵突泉—饮虎池和圣凯摩登城门前一带，该路段不适宜轨道交通建设。

（4）文化路一线，分为Ⅰ-1路段、Ⅰ-2路段、Ⅱ-1路段及Ⅱ-2路段。

Ⅰ-1路段包括羊头峪大沟以东的路段，适宜埋置深度为40m以浅。

Ⅰ-2路段分布在佛山街与文化西路交叉口至羊头峪大沟之间路段，可将本区的岩溶水水位埋深作为该区域的轨道交通埋置适宜深度。

Ⅱ-1路段包括顺河高架桥至佛山街路段，适宜埋置深度应在18m以浅。

Ⅱ-2路段包括泺文路以西至齐鲁医院南门以东路段，适宜埋置深度应在15m以浅。

（5）经十路一线，分为Ⅰ-1路段、Ⅰ-2路段和Ⅱ-1路段。

Ⅰ-1路段包括玉函立交桥以西和东部的文东苑一带，玉函立交桥以西的轨道交通适宜埋置深度为40m以浅，文东苑一带的轨道交通适宜埋置深度为50m以浅。

Ⅰ-2路段包括泉城公园至大众日报社间的路段，以本区的岩溶水水位埋深作为其轨道交通适宜埋置深度。

Ⅱ-1 路段分布在玉函立交桥附近的路段，适宜埋置深度应在 18m 以浅。

（6）历山路一线，自北向南分为Ⅰ-1 路段、Ⅰ-2 路段、Ⅱ-1 路段和Ⅱ-2 路段。

Ⅰ-1 路段包括历山路和解放路交叉口以北路段，其轨道交通适宜埋置深度为 40m 以浅。

Ⅰ-2 路段包括历山路至和平路与文化东路之间的中间部位以南，以本区岩溶水水位埋深作为其轨道交通适宜埋置深度。Ⅱ-1 路段在和平路与历山路交叉口以北，其轨道交通适宜埋置深度应在 18m 以浅。Ⅱ-2 路段在历山路与和平路交叉路口两侧，其轨道交通适宜埋置深度应在 15m 以浅。

核心区轨道交通线路的工程建设适宜性分区如图 7-7 所示。

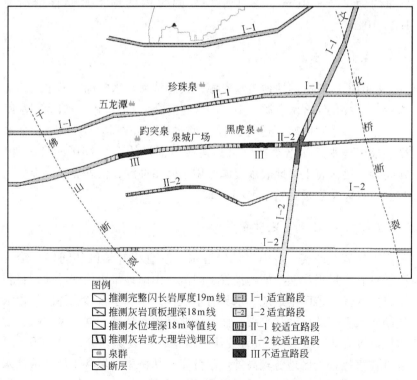

图例
推测完整闪长岩厚度19m线　　Ⅰ-1 适宜路段
推测灰岩顶板埋深18m线　　　Ⅰ-2 适宜路段
推测水位埋深18m等值线　　　Ⅱ-1 较适宜路段
推测灰岩或大理岩浅埋区　　　Ⅱ-2 较适宜路段
泉群　　　　　　　　　　　　Ⅲ 不适宜路段
断层

图 7-7 工程建设适宜性分区

7.4　水资源调蓄与增源增采

由于人为和自然因素影响，水文地质改变，地下水补给量减少已是不可逆转；在现状开采条件下，连续枯水年份，保持泉水长年喷涌也几乎是不现实的。所以，为保护名泉调蓄补源是有其必要性的。

7.4.1　回灌补源条件

7.4.1.1　调蓄空间

济南岩溶水系统具有巨大调蓄能力。根据多年地下水动态和回灌试验，联立数据方程反求给水度和弹性储水系数，计算出济南泉域子系统在市区水位为 27.5m 时，与最高水位年间相比，可调蓄地下水容量约为 $2.2 \times 10^8 m^3$；多年平均变幅带内的地下水储存量约为 $1.2 \times 10^8 m^3$。

7.4.1.2　水源

济南地区既有本地地表水资源，又有黄河客水资源，南水北调实施后，还有长江客水资源。南部山区建有众多水库，其中有大型水库一座，中型水库两座，还有大量小型水库，如八达岭、桃科、李家塘、泉泸等水库，据有关资料，其共拦蓄量约 $1.8 \times 10^8 m^3$。另外，在间接补给区有大量地表水资源可用于回渗补源，仅卧虎山、锦绣川和岳庄水库总容量就达 $1.5 \times 10^8 m^3$。

7.4.1.3　有利的地质条件

野外调查证实，济南泉域岩溶水系统直接补给区和间接补给区内，具有大量强渗漏特征的沟谷、河流。山前地带水位埋深大，有利于自然入渗，市区附近地下水具有承压性，不利于自然入渗。从含水层结构来看，地层产状平缓，而且为北倾单斜构造，据有关文献，含水层厚度在 30~60m 之间为最佳。根据岩溶裂隙划分，40~70m 厚度带在直接补给区地势较高处广泛分布。从济南泉域含水层渗透性来看，泉群附近 K 值最大；山前地带 K 值中等，在 1~10m/d 之间；南部山区渗透性较差，其岩溶发育特点是排泄区以溶孔、溶洞为主。南部地下水径流区以裂隙、溶隙为主；根据有关资料，回灌补源区以渗透性中等的裂隙岩层最好，因此，补源地段选择山前地下水径流区，而不是市区附近。由于泉水排泄区岩溶发育，水位浅，且具有承压性，故不宜净化补给水源。

开展卧虎山水库放水回灌试验，西郊观测孔水位相继回升；对卧虎山、锦绣川水库输水渠加以维修改造，可以输水到十六里河、分水岭、党家庄、小白庄、复兴村、玉函山、花山峪、兴隆水库、黄路线一带的直接补给区。

根据地表水测流资料分析，石灰岩河段的河道渗漏条件较好。根据计算，张夏组灰岩单位长度的河道渗漏量为 $(1.36 \sim 1.543) \times 10^4 \text{m}^3/(\text{d} \cdot \text{km})$，潘村以南玉符河灰岩段长度按 10.5km 计算，则水库放水回灌补源量可设计在 $14 \times 10^4 \text{m}^3/\text{d}$ 以下；北沙河前大彦桥—魏庄西河段长 4.5km，计算得单位渗漏量为 $1.4225 \times 10^4 \text{m}^3/(\text{d} \cdot \text{km})$。按照魏庄南灰岩段长度 6.76km 推算，北沙河补源量可设计为 $9.6165 \times 10^4 \text{m}^3/\text{d}$。另外，对于回灌水源稍加处理即可满足水质要求。

7.4.2 增源措施

综合分析济南泉域、白泉泉域水文地质条件，结合野外实地调查，认为可实施的增源措施主要有回渗工程措施和水源涵养工程。

回渗工程措施的实施应根据地下水流场布置。高新技术开发区已形成局部开采漏斗，上游补源可以防止地下水开采对泉水补给量的袭夺。兴隆—分水岭补源区有六条沟谷，位于四大泉群上游，距离泉群近，山师大示踪试验证实本区与四大泉群有直接联系，因此，该区补源对泉水有直接补给作用。邵而—腊山一带补源有利于减少西郊自备井开采对泉水补给量的袭夺；玉符河流域补源有利于减少西郊水厂对泉水补给量的袭夺。北沙河崮山拦河坝—琵琶山对改善济西水源地的地质环境具有重要意义。白泉泉域彩石—港沟补源对改善白泉地区地质环境具有重要意义。在石灰岩分布区可以实施河道、沟谷拦截，采用线状补源、水库、塘坝入渗相结合；在火成岩分布区，实施井点灌注。

对地形坡度大的广大补给区，可以实施植树造林以养源、地势低洼沟谷修建拦水低坝以增渗等水源涵养工程，李传谟根据滕州羊庄盆地岩溶水试验研究成果与济南市林业局资料综合分析，确定济南地区岩溶水可增源增采 $30 \times 10^4 \, \mathrm{m^3/d}$，植树造林涵养水源主要应以直接补给区为主。

7.5 监测网优化及岩溶水系统研究存在的问题

泉水的形成极其复杂，人类活动加剧了其动态变化的复杂程度。30 多年的保泉历程反映了保泉工作的艰巨性，要恢复"家家泉水"、"趵突腾空"的泉水涌出气势，全面彻底解决济南保泉供水问题不是"一蹴而就"的事，不能以为只要采取一定措施，短期内济南泉水就能呈现较佳状态的常年出流，市区人民就能永远用上优质地下水。解决济南保泉供水问题涉及面广，非确定性因素多，走点弯路难以避免，但有必要进行反思，并及时调整决策路线，以避免再走弯路。为更好开展保泉供水工作，必须加强地下水动态观测与研究。

地下水动态是指在有关因素影响下，地下水的水位、水量、水化学成分、水温等随时间的变化状况。地下水动态提供含水层或含水系统的系列信息，在验证所作出的水文地质结论或所采取的水文地质措施是否正确时，地下水动态是十分重要的。济南市的地下水动态监测工作始于 20 世纪 50 年代，由山东地矿局第一水文地质工程地质队于1959 年系统建立的地下水动态监测网，为城市地下水源地勘察、解决城市供水提供了重要依据，随后相关部门也相继开展了地下水水位监测工作。纵观现有观测网，从保泉及水资源管理角度看，目前仍存在许多问题：

（1）现有观测孔布置缺乏针对性。济南地区水文地质条件复杂，含水层类型有奥陶系、寒武系、泰山群、石炭系、二叠系、第三系、第四系、燕山期岩浆岩等 10 多个层位类型。现有观测井仅能够大体了解浅层松散岩类孔隙水、部分地段岩溶水的动态。由于观测孔布置缺乏针对性，故还达不到研究泉水动态影像因素的基本要求。

（2）观测点数量不足，监测频率设计缺乏依据。济南市面积 $8177 \, \mathrm{km^2}$，现有观测井数量远远不能满足水文地质相关规范的要求，而国际上如荷兰等水资源管理先进的国家几乎每平方公里就有1眼观测井。监测点的监测频率必须根据地下水动态的影响因素进行调整，并划定地下水位的监测频率。目前监测点的主要监测频率为6次/月，随着监测区级别改变，其监测频率也应随之改变。

（3）观测孔布局不合理。地下水的补给、径流和排泄区动态各异。目前，泉域大部分监测孔分布在北部排泄区，而补给区和径流区分布较少，另外，对一些重要水文地质单元、边界附近、争议地段则尚未开展系统监测，也不能够控制补给、径流、排泄条件。

（4）动态监测存在空白区。目前水源地监测孔大多是根据勘察项目的需要而布设的，故缺乏系统的监测网络，监测剖面布局也不合理。随着水源地水文地质条件发生改变，监测网络需要不断进行调整和完善。随着开采量不断增大和人类活动的影响，地下水流场发生改变，各种水文地质要素发生变化，一部分监测孔已达不到应有的监测目的，并出现动态监测空白区，因而需要进行调整。

（5）动态监测项目不全，未达到监测资料相互印证的目的。区内目前只有地下水位监测孔，监测内容一般只测水位，对于水质、水量、水温监测则较少，故不便进行综合分析。目前在空间上需要针对济南泉域各含水层位的水化学特征进行研究，以便提高对济南泉域地下水循环规律的整体认识，也可为确定不同开采层位对泉水的影响提供水文地球化学佐证。随着监测网点调整，这些监测项目也要随之而调整。随着地下水质状态变化，建立区域性地下水质监测网已十分必要，因为这些信息不仅有利于满足建立地下水水质模型的需要，也是地下水污染风险评价的依据。

（6）监测质量不高。许多地下水水位监测工作基本是委托当地村民进行的。大多数监测设备还是沿用多年前的测绳、电表和钢卷尺，设备比较落后，存在测量误差。此外，由于部分监测员素质不高，还存在少测、漏测和虚报、乱报现象。

（7）观测资料分析研究不深入。资料分析不足，地下水水位资料分析仅限于绘制等值线图、历时曲线等，对其他如演变趋势、变化周期、固体潮作用、农业用水、工业用水、集中开采水源地、降水、地表水、污水渗漏等因素及其基本特征缺乏深入分析。

（8）对泉水循环途径、补给演替时间缺乏了解。虽然济南泉域子系统曾引进荷兰先进的 DINO 数据库，并开发了 REGIS – CHINA 系统，选择具有代表性监测点进行采样频率的分析，确定区域地下水水位监测频率为 1 次/月；在研究泉域地下水水位变差函数的基础上，采用 Kriging 插值分析，对泉域地下水监测网监测密度进行优化；泉群分布区安装 DIVER 地下水自动监测仪，频率设定为 1 次/小时（地环总站，2007）。但是济南岩溶水子系统仍然存在许多问题需要深入研究，诸如对泉水循环途径、补给演替规律、岩溶含水层"双水位"、水流模拟模型适宜性等问题依然缺乏深入了解。

研究方法与手段依然不够完善，先进的同位素技术、随机水文学理论和数学地质技术尚未用于济南泉域，还不能用以解决已往传统水文地质不能解决的问题。

参 考 文 献

[1] 雒征，胡彩虹，郝永红．岩溶泉水的研究现状与进展 [J]．水资源与水工程学报，2005，16（1）：56~58.

[2] 王大纯．水文地质学基础 [M]．北京：地质出版社，2005.

[3] 陈梦熊，马凤山．中国地下水资源与环境 [M]．北京：地震出版社，2002.

[4] 张人权，梁杏．当代水文地质学发展趋势与对策 [J]．水文地质工程地质，2005，（1）：51~52.

[5] 山西省水利厅．山西省岩溶泉域水资源保护 [M]．北京：中国水利水电出版社，2008.

[6] 韩行瑞，鲁荣安，李庆松，等．岩溶水系统——山西岩溶大泉研究 [M]．北京：地质出版社，1993.

[7] 韩宝平．国外岩溶水文地质学进展 [J]．中国岩溶，1993，12（4）：400~408.

[8] Shuster E T, White W B. Seasonal fluctuations in the chemistry of limestone springs：A possible means for characterizing carbonate aquifers [J]. J. Hydro, 1956, 14：93~128.

[9] White W B. Conceptual Model for Carbonate Aquifer [M]//Hydrogeologic Problem in Karst Regions. Western Kentucky Univ. , 1977：176~187.

[10] Ternan J L. Comments on the use the calcium hardness variability index in the study of carbonate aquifer [J]. J. Hydrol, 1972, 30.

[11] Drogue C. Essai didentification d'un Type De Structure De Magasins Carbonates, Fissure's [M]. France：Mem H Ser Soc Geol, 1998, 11：101~108.

[12] Atkinson T C. Diffuse flow and conduit flow in limestone tarrain in the Mendip hills, Somerset [J]. J. Hydrol, 1977, 35：93~110.

[13] Scanlon B R, Thrailkill J. Chemical similarities among physically distinct spring types in a karst terrain [J]. J. Hydrol, 1987, 89：259~279.

[14] 钱孝星．岩溶地下水运动与计算的若干问题讨论 [J]．水利水电科技进展，1998，18（4）：18~22.

[15] Compana M E, E S Simpson. Groundwater Time and Charge Rate Using a Discretstate Compartment Model and 14C Data [J]. J. Hydrol, 1984, 72：171~185.

[16] Compana M E, Mahin D A. Model derived estimates of groundwater mean ages, recharge rates effective porosities and storage in alimestone aquifer [J]. J. Hydrol, 1985, 76：247~264.

[17] White W B. Geomorphlogy and Hydrology of Karst Terrains [M]. New York：Oxford University Press, 1988.

[18] 袁道先．中国岩溶学 [M]．北京：地质出版社，1993.

[19] 韩宝平．喀斯特微观溶蚀机理研究 [J]．中国岩溶，1993，12（2）：97~103.

[20] 吴应科，毕于远，郭纯青．西南岩溶区岩溶基本特征与资源、环境、社会、经济综

述 [J]. 中国岩溶, 1998, 17 (2): 141~150.

[21] 刘再华. 娘子关泉群水的来源再研究 [J]. 中国岩溶, 1989, 8 (3): 200~207.

[22] 朱远峰. 中国岩溶水系统和岩溶水资源研究进展 [C]//地质部环境地质研究所. 工程地质水文地质环境地质论文集. 北京: 地震出版社, 1993: 194~199.

[23] 王宇. 西南岩溶地区岩溶水系统分类、特征及勘察评价要点 [J]. 中国岩溶, 2002, 21 (2): 114~119.

[24] 李砚阁, 杨昌兵, 耿雷华, 等. 北方岩溶大泉流量动态模拟及其管理 [J]. 水科学进展, 1998, 9 (3): 275~281.

[25] 钱家忠, 汪家权, 葛晓光, 等. 我国北方型裂隙岩溶水流及污染物运移数值模拟研究进展 [J]. 水科学进展, 2003, 14 (4): 509~512.

[26] 李文兴, 刘建之. 岩溶水系统降水入渗的随机模拟 [J]. 水文地质工程地质, 1996, (6): 32~35.

[27] 张之淦. 娘子关地区马家沟灰岩岩溶 [C]//中国地质学会第二届岩溶学术会议论文集. 北京: 科学出版社, 1982: 14~24.

[28] 谷德操. 对娘子关泉群的几个地质问题的分析 [M]//中国北方岩溶和岩溶水. 北京: 地质出版社, 1982: 122~126.

[29] 赵敬孚. 娘子关泉域水均衡研究 [C]//中国地质学会第二届岩溶学术会议论文集. 北京: 科学出版社, 1982: 156~161.

[30] 袁崇桓. 山西娘子关泉域降水入渗系数的计算及陶凯 (Turc) 公式使用条件浅析 [M]//中国北方岩溶和岩溶水. 北京: 地质出版社, 1982: 122~126.

[31] 周仰效. 山西娘子关泉流量的滑动平均模拟 [J]. 中国岩溶, 1986: 5 (2): 97~104.

[32] 刘思峰, 郭天榜, 党耀国, 等. 灰色系统理论及其应用 [M]. 北京: 科学出版社, 1999.

[33] 郭纯青, 夏日元, 刘正林, 等. 岩溶地下水评价灰色系统理论与方法研究 [M]. 北京: 地质出版社, 1993.

[34] 郝永红, 王学萌. 娘子关泉灰色系统模型研究 [J]. 系统工程学报, 2001, 16 (1): 39~44.

[35] 徐慧珍, 段秀铭, 高赞东. 济南泉域排泄区岩溶地下水水化学特征 [J]. 水文地质工程地质, 2007, (3): 15~19.

[36] 徐慧珍, 李文鹏, 殷秀兰. 济南泉域浅层地下水水化学同位素研究 [J]. 水文地质工程地质, 2008, (3): 65~69.

[37] 张建国, 陈鸿汉, 朱远峰. 济南泉域岩溶裂隙介质的多重指示克里格法研究. 水文地质工程地质, 2004, (2): 25~28.

[38] 万利勤. 济南泉域岩溶地下水的示踪研究 [D]. 北京: 中国地质大学 (北京), 2008.

[39] 邹连业, 商广宇, 张明泉. 济南泉水来源区域探讨 [J]. 水文, 2008, (7): 22~24.

[40] 万利勤, 徐慧珍, 殷秀兰. 济南岩溶地下水化学成分的形成 [J]. 水文地质工程地

质，2008，(3)：61－63.

[41] 李大秋. "泉城"地下水补给区脆弱性评价研究 [J]. 环境保护，2007，37 (8)：59～61.

[42] 周敬文，李新伟，彭秀苗. 2008 年济南市泉水水质检测结果分析 [J]. 预防医学论坛，2009，15 (6)：522～525.

[43] 党明德. 对济南泉水的来源路径及其保泉问题的研究 [J]. 山东经济战略研究，2003，4：37.

[44] 邢立亭，康凤新. 岩溶含水系统抗污染性能评价方法研究 [J]. 环境科学学报，2007，27 (3)：501～508.

[45] 徐慧珍，段秀铭，高赞东. 济南城近郊区地下水头动态特征及原因分析 [J]. 水文地质工程地质，2007，(2)：87～91.

[46] 王庆兵，段秀铭，高赞东. 济南岩溶泉域地下水位监测 [J]. 水文地质工程地质，2007，(2)：1～7.

[47] 季叶飞，邹靖，顾锦. 降水入渗补给滞时的确定及其在泉流量模拟与预测中的应用 [J]. 水文，2008，28 (6)：30～33.

[48] 王茂枚，束龙仓，季叶飞. 济南岩溶泉水流量衰减原因分析及动态模拟 [J]. 中国岩溶，2008，27 (1)：19～25.

[49] 高赞东，段秀铭，王庆兵. 济南岩溶泉域地下水水质监测 [J]. 水文地质工程地质，2008，(2)：10～16.

[50] 邢立亭. 济南泉域岩溶地下水开发布局研究 [J]. 人民黄河，2007，29 (2)：46～47.

[51] 徐军祥. 济南泉域岩溶地下水系统综合研究 [D]. 北京：中国矿业大学 (北京)，2006.

[52] 李传谟，李岚，陶卫卫. 济南保泉供水近期与长远对策 [J]. 山东地质，2002，18 (6)：37～40.

[53] 唐益群，余歙. 济南保泉综论 [J]. 安徽农业科学，2009，37 (26)：12814～12819.

[54] 牛景涛，吴兴波，宋星原. 济南回灌补源与抽水试验研究 [J]. 人民长江，2004，35 (11)：47～49.

[55] 李建江. 济南泉水保护研究 [J]. 水土保持研究，2003，10 (3)：142～144.

[56] 刘国爱，赵新华. 济南泉域岩溶水动态特征及有关问题讨论 [J]. 山东地质，1997，13 (2)：67～69.

[57] 商广宇，王建军，邹连文，等. 济南市保泉供水对策研究 [J]. 中国水利，2007，(8)：34～35.

[58] 商广宇，王建军. 有的放矢 科学保泉——济南泉域边界条件论证 [J]. 地下水，2002，24 (4)：191～194.

[59] 孙力，于晓晶，张凤英. 济南市雨水利用收集技术研究 [J]. 水资源与水工程学报，2008，19 (2)：102～104.

[60] 王维平，孙小滨. 济南市有效利用城市雨水回灌岩溶地下水探讨 [J]. 水利水电技

术, 2009, 40 (3): 20~22.

[61] 朱兆亮, 曹相生, 孟雪征. 创建济南市水系统健康循环促进"保泉"工程实施 [J]. 中国水运, 2008, 8 (1): 74~76.

[62] Mark Jessel. Three-dimensional geological modeling of potential-field data [J]. Computers & Geosciences, 2001, 27 (4): 455~465.

[63] John McGaughey, Keith Morrison. The Common Earth Model: A Revolution in Exploration Data Integration [J/OL]. 2000. http://www.mirageoscience.com/publications/cem.pdf.

[64] Qiang Wu, Hua Xu. An approach to computer modeling and visualization of geological faults in 3D [J]. Computers & Geosciences, 2003, 29 (4): 507~513.

[65] 曹代勇, 王占刚. 三维地质模型可视化中直接三维交互的实现 [J]. 中国矿业大学学报, 2004, 33 (4): 384~387.

[66] 龚建华. 地学三维可视化 [J]. 地球信息, 1996, (2): 34~37.

[67] 陈昌彦, 张菊明, 杜永廉, 等. 边坡工程地质信息的三维可视化及其在三峡船闸边坡工程中的应用 [J]. 岩土工程学报, 1998, 20 (4): 1~6.

[68] 柴贺军, 黄地龙, 黄润秋, 等. 岩体结构三维可视化及其工程应用研究 [J]. 中国岩土学报, 2001, (2): 217~220.

[69] 武强, 徐华. 三维地质建模与可视化方法研究 [J]. 地球科学, 2004, 34 (1): 56~60.

[70] 李良平, 胡伏生, 尹立河. 鄂尔多斯盆地白垩系三维地质建模研究 [J]. 西北地质, 2007, 40 (2): 109~113.

[71] Laurent Aillères. New gocadr developments in the field of 3-dimensional structural geophysics [J]. Journal of the Virtual Explorer, 2000, 1 (28): 58~64.

[72] Mallet J L. Geo-modeling [M]. London: Oxford University Press, 2002.

[73] Mallet J L. Discrete smooth interpolation [J]. Geometric Modeling Computer Aided Design, 1992, 24 (4): 177~191.

[74] Bonomi T, Cavallin, T, Stelluti G. 3-D aquifer characteristics analysis using a well database and GOCAD [M] //Gehrels, Hans. Impact of Human Activity on Groundwater Dynamics. Wallingford: TAHS Press, 2001.

[75] Wu Qiang, Xu Hua. Study of 3D geo-science modeling and visualization [J]. Eearth Science, 2004, 34 (1): 56~60.

[76] 李向全, 张莉, 于开宁. 西北干旱区深层岩溶地下水系统的水化学同位素研究 [J]. 吉林大学学报: 地球科学版, 2003, 33 (4): 524~529.

[77] 陈学群, 李福林, 崔兆杰, 等. 济南市岩溶水动态变化的神经网络模拟及泉水喷涌趋势预测 [J]. 水文地质工程地质, 2005, (4): 60~64.

[78] Doerfliger N, J Eannin P Y, Zwahlen F. Water vulnerability assessment in karst environments a new method of defining protection areas using a multi-attribute approach and GIS tools [J]. Environmental Geology, 1999, 39 (2): 165~176.

[79] Vierhuff H. Classification of groundwater resource for Regional planning with regard to their

vulnerability to pollution [C] //Van Duijvenbooden W, Glasbergen P, van Leyveld H. Studies in Environmental Science. 1981, 17: 1101~1104.

[80] Aller L, Bennett T, Lehr J H, Petty R J, et al. DRASTIC: A standardized system for evaluating ground water pollution potential using hydrogeological settings [Z]. U. S. Environmental Protection Agency, U. S. A, 1987.

[81] Fu Surong, Wang Yanxin, Cai Hesheng, et al. Vulnerability to contamination of ground water in urban regions [J]. Earth Science, 2000, 25 (5): 482~486.

[82] Ibe K M, Collin M L, Melloula J. Assessment of ground water vulnerability and its application to the development of protection strategy for the water supply aquifer in Owerri southern Nigeria [J]. Environmental Monitoring and Assessment, 2001, 67: 323~336.

[83] 徐慧珍, 高赞东. 岩溶地区地下水防污性能评价——PI 方法 [J]. 新疆地质, 2006, 24 (3): 318~319.

[84] Francois Zwahlen, Robert Aldwell, Brian Adams. COST Action 620 Vulnerability and Risk Mapping for the Protection of Carbonate (Karst) Aquifers [R]. 2003, 17~21, 163~171.

[85] Daly D, Dassargues A, Drew D, et al. Main concepts of the Eurpean Approach for (karst) groundwater vulnerability assessment and mapping [J]. Hydrogeological Journal, 2002, 10 (2): 340~345.

[86] 汪家权, 吴义锋, 钱家忠, 等. 济南泉域岩溶地下水三维等参有限元数值模拟 [J]. 煤田地质与勘探, 2005, 33 (3): 39~41.

[87] 商广宇, 王明海. 新水源开发与济南保泉供水 [J]. 水文, 2000, 20 (4): 46~47.

[88] 黄春海. 地下水开发研究 [M]. 济南: 山东大学出版社, 1998.

[89] 李福林, 马吉刚, 李玉国, 等. 济南市泉群喷涌的控制性参数计算及供水保泉宏观调控措施研究 [J]. 中国岩溶, 2002, 21 (3): 188~194.

[90] 汪家权, 吴义锋, 钱家忠. 济南泉域保泉与供水的地下水开采方案研究 [J]. 农业环境科学学报, 2004, 23 (6): 1228~1231.

[91] 周仰效, 李文鹏. 地下水水质监测与评价 [J]. 水文地质工程地质, 2008, (1): 1~11.